ビヨンド

VYOND

ビジネスアニメーション
作成講座

第2版

[著] SBモバイルサービス株式会社　桶谷剛史/桐山真伍/水鳥川祐子/武田奈津美
[監修] 株式会社ウェブデモ

秀和システム

はじめに

　動画は文字よりも人の心に深く刻まれるものです。また、ビジネスにおいて、心に残る情報伝達は成功への大きな一歩となります。この目的を達成する手段の一つがアニメーションであり、その制作を支援するツールとしてVYONDがあります。本書では、ビジネスアニメーションの制作に特化したVYONDの使い方を紹介していきます。

　「そんな簡単にアニメーションを作るなんて無理でしょ」と思われるかもしれませんが、実はそうではありません。私もVYONDに出会うまでは同じように感じていました。VYONDはPowerPointで操作する感覚で動画が作れてしまいます。あなたも本書に一度目を通していただくと、おそらく次からは本書を読まなくてもある程度は感覚で動画を作ることが可能になるでしょう。

　アニメーションのメリットはたくさんあります。撮影が不要なため修正があっても撮り直す必要がありません。顔出しも不要なため、肖像権についても心配することもありません。さらに、無形商材やコンセプトの説明など、イメージを表現するのも得意です。VYONDでは、思い描いたアイデアを実現するための豊富なテンプレートとキャラクター、素材が準備されています。これにより、素材を集める時間と労力を節約しながら、プロフェッショナルな品質のアニメーションを手軽に制作することができるのです。

　さらにVYONDではいち早くAI技術を取り入れました。制作したい内容をテキストで入力するだけで、瞬時に1本の動画を作成することができます。昨今AI技術は急速に進化し、ビジネスや日常生活に深く浸透しています。数年以内に、私たちの生活は大きく変化するでしょう。以前スマホを1人1台持つ時代が来るとは想像できなかった様に、あらゆるサービスや製品にAIが組み込まれ、無意識のうちにAIを利用する時代がすぐ目の前に来ています。VYONDも進化し続けます。この書籍が発売される頃には、また新しい機能が備わっているかもしれません。

　最後に、本書があなたのビジネスアニメーション制作の素晴らしいスタートポイントとなることを願っています。VYONDの世界へようこそ！

2024年2月
SBモバイルサービス株式会社
事業開発部長
桶谷 剛史

Contents 目　次

Chapter
11

AIによる動画生成機能「VYOND GO」を使ってみよう

Chapter 12　もっと詳しく知ろう（応用編）

Chapter 13　VYONDの活用事例

Appendix　付　録

動画を取り巻く環境

この章では「動画」を取り巻く社会環境の変化とともに
ビジネスシーンにおける動画活用の現状やその有効性について説明します。

Section
1-1 動画市場の拡大

近年、広告メディアはテキスト主体から動画主体へと移行しようとしています。本節では、現在の動画広告を取り巻く環境や今後益々拡大することが予想される動画視聴のトレンドについて解説します。

✚ インターネット広告の急成長

電通が2023年2月に発表した「日本の広告費」によると、**インターネット広告費**は3兆円を超え、2兆円を超えた2019年からわずか3年で約1兆円増加しました。

インターネット広告費が伸張している要因としてはスマートフォンの普及率の増加が挙げられますが、特に近年は、ウェブ動画広告が伸びており、中でも動画サイトやアプリなどのコンテンツ内に表示されるインストリーム動画広告の需要が増えていることから、今後もインターネット広告市場の成長が予想されます。

ちなみにテレビ、新聞、雑誌、ラジオを合わせた「**マスコミ四媒体**」の広告費の合計は2.4兆円で、インターネット広告が広告費全体を占める割合は43.5%となり、初めて4割を超えました。

◉ 媒体別広告費の推移

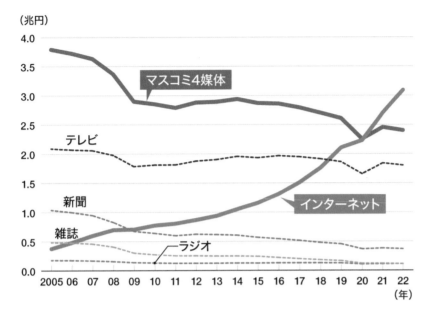

（兆円）

- マスコミ4媒体
- テレビ
- 新聞
- 雑誌
- ラジオ
- インターネット

2005 06 07 08 09 10 11 12 13 14 15 16 17 18 19 20 21 22 （年）

出典：電通「日本の広告費」 https://www.dentsu.co.jp/news/release/2023/0314-010594.html
「nippon.com」 https://www.nippon.com/ja/japan-data/h01622/

➕ 動画広告市場の拡大

そもそも「**インターネット広告**」とは、インターネットに存在するWebサイトや検索エンジンを活用した広告で、Webサイト上に表示する「ディスプレイ広告」や「アフィリエイト広告」、検索エンジンの検索結果に表示する「リスティング広告」、YouTubeに代表される動画サイト上で配信される「**動画広告**」などがあります。

インターネット広告の出稿数が伸びている背景としては、スマートフォンの普及などによる利用者側の変化だけではなく、**広告を掲載する側のメリットも大きい**ということが挙げられます。インターネット広告と他のマス広告を比べた場合の掲載側のメリットは以下の通りです。

インターネット広告	マス広告（TV・新聞・雑誌・ラジオ）
ターゲティングが可能	不特定多数にリーチできる
効果分析が簡単	視聴者の信頼を得やすい

◎ **ターゲティングが可能：**

製品やサービスが対象とするユーザーを選んで（ターゲティングして）広告を見せることにより、広告効果の向上が期待できる

◎ **効果分析が簡単：**

広告のインプレッション数（表示回数）、クリック数、クリックした後の成果数（CV）などが計測できるので、費用対効果が可視化できる

インターネット広告の内訳を2018年と2022年で比較したものが下のグラフです。1年間で最も伸びているのが「**動画広告**」で、およそ3倍、構成比はインターネット広告媒体費の24%にまで上がっています。このことからも、インターネット広告市場の成長には、**動画広告市場の成長**が大きく関係していると言ってよさそうです。

◎ インターネット広告媒体費の内訳

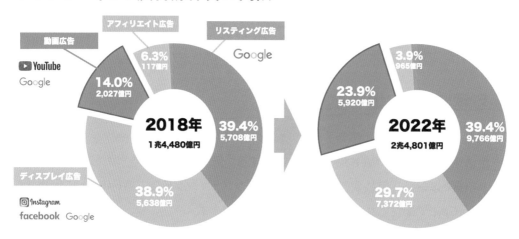

出典：電通「日本の広告費」 https://www.dentsu.co.jp/news/release/2023/0314-010594.html
※インターネット広告媒体費＝インターネット広告費 - 広告制作費 - 物販系EC プラットフォーム広告費

＋動画広告の種類と特徴

動画広告には実際にどのようなものがあるのか、代表的なものを特徴とともにご紹介します。

◉ インストリーム広告

インストリーム広告は、YouTubeなどの動画の再生前後や途中で流れる広告です。広告再生時間が長いことからより複雑、詳細な情報を伝えることができる反面、途中でスキップされる可能性も高くなるという特徴があります。また、作り込まないと途中で飽きられてしまうため、ユーザーを引きつけるストーリーやクオリティが重要です。

◉ インバナー広告

インバナー広告は、Yahoo! Japanのトップページのようなウェブサイトのバナー広告枠に配信される動画広告です。インストリーム広告とは違い、動画コンテンツを見ていないユーザーにも広くアプローチすることができる反面、ターゲットが絞りにくく、また広告費も従来の静止画の広告と比べると高価になりがちです。比較的短い尺の動画かつ音声が再生されないケースが多いことから、ビジュアル面でのインパクトやわかりやすさが重要です。

◉ インリード広告

インリード広告は、ユーザーが Web ページや SNS を
スクロールする際に、コンテンツとコンテンツの間に表
示される広告です。自動的に再生されることからユー
ザーの視覚に入りやすく、視聴ハードルが低いことが
特徴です。ユーザーが閲覧している記事と関連性の高
い広告を掲載することで、より効果的なアプローチが
可能な反面、検索連動型ではないため、ターゲットユー
ザーにピンポイントで視聴してもらうためには工夫が必
要です。インバナー広告よりもより短い尺のものが多く、
ユーザーのスクロールを止めるためにもハイセンスなビ
ジュアルが要求されます。

◉ 動画広告の種類と特徴

動画広告の種類	メリット	デメリット	最適な動画
インストリーム広告	情報量が多い	途中でスキップされる	ストーリー重視
インバナー広告	視聴数が多い	広告費が高額	インパクト重視
インリード広告	視聴ハードルが低い	視聴ユーザーが限定的	ビジュアル重視

出典：https://richka.co/times/18292/

　このように、動画広告にも様々な種類がありそれぞれ特徴や目的が異なりますが、い
ずれにせよ近年大きく成長している分野であることは間違いなく、各企業がその動向や
効果に対して非常に注目しています。

✚ なぜ動画なのか？

　アメリカの国立訓練研究所が発表した「**ラーニングピラミッド**」によると、動画コンテン
ツの記憶定着率はテキストコンテンツの約2倍におよぶと言われています。これはつまり、
テキストの記事を読んで得た情報よりも、視覚と聴覚を通して情報を伝達する動画コン
テンツを観て得た情報の方が、**2倍記憶に残りやすい**ということです。

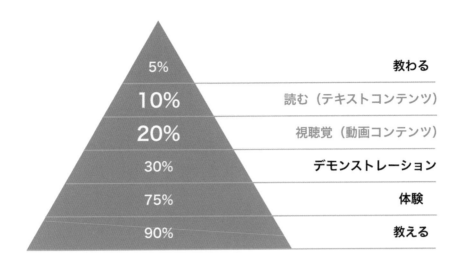

5%		教わる
10%		読む（テキストコンテンツ）
20%		視聴覚（動画コンテンツ）
30%		デモンストレーション
75%		体験
90%		教える

　実際に、電通とディーツーコミュニケーションズが行ったスマートフォン向けの動画広告に関する調査結果（2010年に実施）によると、動画広告はバナー広告に比べて「記憶に残りやすい」と感じる人は1.7倍、「内容を覚えている」人は約1.2倍、「ブランドへの好感度が上がった」のは5倍だそうです。

　また、アメリカの動画マーケティング会社adformの調査によると、通常バナー（PC）、通常バナー（スマートフォン）、動画バナーのそれぞれを、CTR（クリック率）で比較すると、最もクリック率が高くなるのは動画バナーで、通常バナー（PC）の約4倍の結果となったそうです。

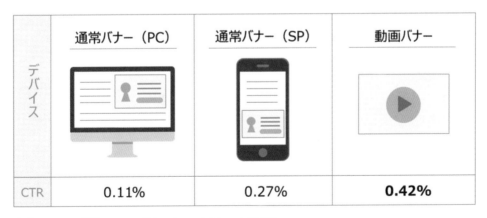

デバイス	通常バナー（PC）	通常バナー（SP）	動画バナー
CTR	0.11%	0.27%	**0.42%**

出典：LISKUL記事　https://liskul.com/videoad-15679

このような動画コンテンツの有効性を立証する様々な調査結果が、多くの研究機関より報告されており、動画や動画広告の活用を検討する企業を後押ししています。

➕動画文化は更に加速する?

既に動画は私たちの生活に根付き始めていますが、ある環境の変化によって、近い将来この傾向が一気に加速することが確実となっています。その環境の変化とは大きく2つあります。

◉5Gの時代の到来

1つ目の変化が**5G技術の到来**です。5Gとは次世代の通信規格で、世界中の通信事業者が2020年から一斉に正式なサービスを開始したことで、2020年は「5G元年」と言われています。日本国内でも既にソフトバンク、NTTドコモ、KDDI、楽天モバイルの4社が5Gのネットワークを構築し、サービス展開を開始しています。

では従来の通信規格（4G）と比べて、5Gは何が違うのか? 大きく3つの特長があります。

◉5Gの主な特長

①高速で大きな容量の通信ができる

②信頼性が高く低遅延の通信ができる

③多数の機器に同時に接続ができる

　動画再生にとって特に重要なのが①で、最高伝送速度は理論値で4Gの100倍になり、2時間の映画を約3秒でダウンロードできると言われています。また携帯電話各社も5Gにあわせた容量無制限の料金プランを提供することで、これまで通信速度や料金を気にして制限をしていた移動中や外出中の動画視聴も、一切のストレスや視聴時間の制限なく楽しめるようになります。このように5G技術の到来とそれによる**通信環境の劇的な変化**により、これまで動画視聴を敬遠していたユーザー層にも一気に動画文化が浸透する可能性が高まっています。

◉ テレワークの浸透

　もう一つの理由は「**テレワーク**」の浸透です。2020年に広がった新型コロナウィルスの感染防止対策として政府や地方自治体から企業に対し、満員電車や出社後の会議、会食等による感染を防止することを目的とした「テレワークの導入」を推進するよう、要請がなされたことは記憶に新しいかと思います。このことによりテレワークを初めて導入し

た企業も少なくはないですが、コロナ収束後もテレワークを恒久的に継続すると公表しているヤフー株式会社のような企業も出てきています。

　テレワークが普及することにより、従来のような対面での商談、会議、研修などがZoom や Teams などの**オンライン会議システム**を活用したものに急速に切り替わってきていますが、そこでも活用されるのが動画です。例えば、商品の魅力を動画でPRしたり、研修の内容を動画でオンライン配信することで、これまで対面でしかなし得なかったことが気軽に効率的に実現できるようになっています。

　これらのことからも、動画を活用する文化は今後更に急速に拡大し、今よりももっと身近なものになると考えられます。

Section 1-2 ビジネスにおける動画の活用

動画の有効性についてはビジネス社会においても広く知れ渡り、今や様々なビジネスシーンにおいて動画の活用がなされています。本節では実際のビジネスにおける動画の活用方法についてご紹介します。

＋ビジネスシーンにおける動画の活用

　動画は様々なビジネスシーンにおいて活用されていますが、特に近年、テレワークの導入に伴う**ビジネススタイルの変革**に伴って活用の頻度や幅が大きく広がっています。BtoBを中心としたビジネスにおける代表的な動画の活用シーンと、その内容についてご紹介します。

◉ ビジネスにおける動画の活用シーン

活用シーン	動画内容
営業商談	企業紹介、商品説明、商品デモ
会社ホームページへの掲載	企業紹介、商品PR
会社SNSへの投稿	商品PR、キャンペーン告知
セミナー・社内研修	研修コンテンツ、社内マニュアル
カスタマーサポート	製品マニュアル、チュートリアル
報告会、発表会	オープニング動画、実績報告、利用者インタビュー
リクルート活動	会社紹介、従業員インタビュー

　営業商談を例にしてみます。客先に出向いて行き、天気の話などの雑談でアイスブレイクをしながら自己紹介、その後プレゼン資料に沿って身振り手振りで説明し、最後は実際の商品を手に取ってもらってといった流れが、これまでの一般的な営業商談のスタイルではないでしょうか。しかし今後はZoomなどのオンライン会議システムによる商談が中心となります。商談時間が明確になり、アイスブレイクで時間を費やすことは難しくなり

ます。また身振り手振りも画面越しには伝わらず、実際の商品を触ってもらうこともできません。そこで活躍するのが動画です。

　まず、商談で説明する予定の商品やサービスの概要を簡単な動画にまとめ、商談の数日前に事前に送付することで、お客様の商品理解が進んだ状態で商談をスタートさせることができます。次に、商談冒頭に会社案内をまとめた動画を流すことで、商品だけではなく企業理念や自社の他の活動についての理解が深まり、お客様の安心感が高まります。最後に、商品のデモ動画を流すことで商品の魅力をリアルな映像で伝えることができます。更に、動画の活用により短縮できた商談時間を、質疑応答やクロージングなどのより重要な時間に費やすことが可能になります。

　これらのように、動画を活用することで従来のビジネス活動の代替手段となるだけでなく、**新たな価値や時間を生み出す**ことも可能となります。

＋動画を構成する要素

　一括りに「動画」と言っても、動画を構成する様々な要素によって印象も利用用途も大きく変わってきます。

◉ 動画を構成する要素

- ◎ 映像種別（実写かアニメーションか）
- ◎ 映像クオリティ（CGの利用や撮影の有無など）
- ◎ 動画尺（どのくらいの長さか？）
- ◎ BGM（あり・なし）
- ◎ ナレーション（あり・なし）
- ◎ テキスト情報（テロップなど）

また、これらの要素の組み合わせにより「**制作コスト**」が大きく変わってきます。先ほどの商談時の動画活用の例でいうと、商談資料を映像化するのに毎回制作代行会社を頼っていると、いくら予算があっても足りませんが、クオリティを多少落としても自社で制作することができれば、コストを最小限に抑えることができます。一方、企業紹介動画であれば、一度制作してしまえば会社自体に大きな変化がない限り恒久的に使えるため、ある程度コストをかけてしっかり作ってもよいと思います。では、ビジネスシーンでよく使われる動画のタイプごとに、最適な要素の組み合わせを見ていきます。

◉ 用途に合わせた構成要素の組み合わせ

動画の用途	活用シーン	映像パターン	映像クオリティ	動画尺	ナレーション／テロップ	制作コスト
企業紹介	・会社HP ・商談	実写＋アニメ	高	中	あり	高
商品PR	・会社HP ・SNS	実写＋アニメ	高	短	なし	中
研修・マニュアル	・社内イントラ	実写かアニメ	低	長	あり	中
チュートリアル	・サポートサイト	実写かアニメ	低	短	あり	低
インタビュー	・会社HP ・募集媒体	実写	中	長	あり	中

　実写による動画制作は、撮影に関わるカメラマンなどのスタッフや出演者、機材の費用に加え、スタッフの移動にかかる交通費やスタジオ費などがかさむことから、高額になるケースが多くなります。最近では動画の活用機会が増加したこともあり、高いコストをかけて実写で1本の動画を制作するよりも、**簡易的なアニメーション**を活用することで1本あたりの制作コストを下げ、その分制作本数を増やす企業が増えています。また、クラウドソーシングによりフリーランスのクリエイターを活用することで、クオリティの高いアニメーション動画を比較的安価に制作できるケースもあります。

＋最適な動画の長さとは？

　初めて動画を制作するお客様から必ず聞かれる質問として「**動画の最適な長さ**はどのくらい？」というものがありますが、これについては動画の目的や用途によって変わってくる

ため、正解はありません。とはいえ、長ければ長いほど動画の視聴率が低下することは明白なため、ここでは「動画の最適な長さは何分 (秒) 以内 ?」という点についてお話したいと思います。

　以下は、インターネット動画を分析している Wistia 社の調査結果 (2013 年に実施) で、動画の長さに対する閲覧時間をグラフ化したものです。この調査結果では、30秒以内の動画なら平均して全体の80%、1分以内の動画なら70%、5分以内の動画なら60%まで見てもらえることを表しています。

◉ 動画の長さに対する閲覧時間調査

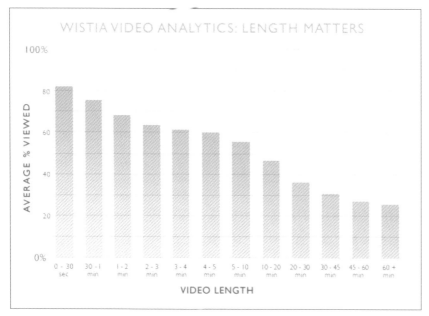

出典：http://wistia.com/

　つまり、**30秒以内**にしておけば平均して全体の8割まで視聴され、効果も期待できると考えられます。また、一般的には動画の長さは3分以内に収めるとよいと言われますが、3分〜5分では視聴率の低下はそこまで大きくありませんので、必要な情報を無理やり削って3分に収めるよりも、むしろ**5分を一つの目安**として制作してもよいかと思います。

　一方、10分を経過すると視聴率は大幅に低下する傾向がありますので、最も長くても10分以内に収めるのがよいでしょう。

ビジネスアニメの活用

この章ではビジネスシーンで活用される「動画」の中でも一際注目されている
「ビジネスアニメ」についてご紹介するとともに、
その制作の手順や方法について詳しく説明いたします。

00:02　　00:04　　00:06　　00:08　　00:10　　00:12　　00:14

Section 2-1 ビジネスアニメの登場

活況の動画市場の中で特に注目されているジャンル「ビジネスアニメ」。本節では「ビジネスアニメ」の特徴や強みを事例とともに詳しく説明します。

✚ ビジネスアニメの登場

　前節ではビジネスシーンにおける動画の活用について述べましたが、その中で一際注目を集めているのが「**ビジネスアニメ**」です。ただし「ビジネスアニメ」という呼称は、世の中で正式に定義されているものはありません。本書では「ビジネスを目的としてアニメを活用した動画＝ビジネスアニメ」と定義しています。

「ビジネスアニメ」＝ビジネスを目的としてアニメを活用した動画
例）商品PR動画、商品説明動画、社内研修用教材など

◎「ビジネスアニメ」が注目される理由

　なぜ今「ビジネスアニメ」が注目されているのか？大きな転換期となったのは、2020年のコロナ禍における「ソーシャルディスタンス」と「テレワーク」の浸透です。

　実写動画は、撮影するためにカメラマン、音響、照明、スタイリストなど様々な役割のスタッフが必要となりますが、狭いスタジオ内などでスタッフが密集するため、感染対策面で不安が出てきました。一方で、アニメ制作は**発注から完成まで全てをリモートでかつ1人で完結**できます。

　また、もし途中で内容が変更になっても、**修正が容易で撮り直しも不要**です。これらは、実写動画よりコストや時間を抑えられるというメリットとなり、コロナ禍を機に注目されました。

用途においても、従来「ビジネスアニメ」は動画投稿サイト「YouTube」などに流す広告用が主でしたが、テレワークの広がりに伴い、採用活動向けの企業紹介、従業員向け研修のマニュアル、大学のオープンキャンパス用など、活用範囲が一気に広がりました。

実写動画	ビジネスアニメ
必要スタッフが多い（密集）	クリエイター1人で完結
外出の必要がある	完全リモートで対応可能
撮り直しが大変	撮り直し不要
コストが高い	コストが安い

＋アニメ動画の効果

前節でお伝えした通り、ビジネスにおいて活用される動画のパターンを大きく分類すると「実写動画」と「アニメ動画（＝ビジネスアニメ）」があり、特にコスト面においてアニメ動画に優位性がありますが、コスト面以外でも、アニメ動画にはいくつかの強みがあります。

◎ 形がないものを表現できる

アニメ動画の最大の特長は**形がないものを表現できる**ことです。抽象的な概念や、実際には存在しないキャラクターやシチュエーションでも、アニメなら容易に表現できます。例えば、ソフトウェア製品やクラウドサービスなどの無形商材は実写動画だと表現が難しいですが、アニメ動画であれば、デフォルメや擬人化などを駆使して、その特長をわかりやすく表現することが可能になります。

また、反対に**具体的な内容を抽象化できる**のもアニメ動画のメリットです。実写動画の場合、人物（キャスティング）や場所（シチュエーション）などに視聴者のイメージが引っ張られてしまい、固定概念が生まれる恐れがありますが、アニメ動画ならそれらを抽象的に表現し、必要以上の情報を排除することで、より広いユーザー層に訴えかけることが可能になります。

◉ 記憶に残りやすい

英国の心理学者 リチャード・ワイズマンが、通常の実写のインタビュー動画と、同じ内容をアニメ化した動画を作り、被験者にそれぞれ見せた後にその内容を質問する実験を行った結果、アニメ化した動画を見た被験者は、通常の動画を見た被験者に比べ22％も多く内容を記憶していたそうです。アニメ動画では見せたいものや伝えたいものが強調され、ダイレクトに視聴者に内容が伝わるために**強い印象を残す**ことができます。また、ブランドや商品で使用しているコーポレートカラーを用いることで、効果的にブランドイメージを視聴者に浸透させることもできます。

◉ 修正に強い

実写動画は、一度撮影すると、その後の修正や変更が難しくなります。編集で変更できる点は限られていますし、撮影し直すとなると費用が膨らみます。その点アニメ動画は、変更点に合わせて、再撮影無しで容易に作り替えることが可能なので、**修正や変更に強い**というメリットがあります。特にソフトウェア商材などの場合は頻繁に機能やサービスのアップデートが発生することから、親和性は非常に高くなります。しかも修正作業がPCだけで完結することで、クリエイターが在宅時でも対応することが可能です。

また画はそのままで、ナレーションの言語を変更するだけで、世界中どこでも活用できるといったメリットもあります。

◉ アニメ動画のメリット・デメリット

メリット	デメリット
表現が自由（具現化、抽象化）	リアリティに欠ける
記憶に残りやすい	感情移入しにくい
変更・修正に強い	
多言語対応しやすい	
在宅ワークで対応可能	

✚ ビジネスアニメの種類

　「ビジネスアニメ」と一言で言っても、その表現方法は様々です。では一般的に「ビジネスアニメ」においてはどのような種類のアニメーションが活用されているのか、代表的な事例を見ていきましょう。

◉ キャラクターアニメーション

　「**キャラクターアニメーション**」とは、人物や動物、擬人化した無機物などのイラストを要素として配置し動かすことでストーリーを進行させる動画です。キャラクターたちは、視聴者に親しみを感じさせ、感情移入や自己投影をしやすくさせます。また、印象に残りやすく、覚えられやすいというメリットもあります。最近では、初心者でも簡単に制作できるツールも登場しています。

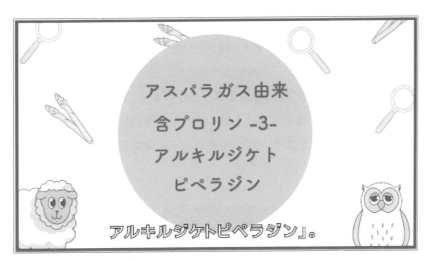

出典：YouTube ／大塚製薬公式チャンネルより

◉ ホワイトボードアニメーション

　「**ホワイトボードアニメーション**」とは、リアルタイムで人がホワイトボードに描写しているように見せる表現方法です。実写で見せるのが難しい商品やサービスの概要などを効果的に伝えられることから、最近ではYouTube広告などで使われることが多くなっています。また映像とナレーションを組み合わせることで、まるで目の前でプレゼンテーションを聞いているような感覚で視聴できるのが特徴です。

出典：YouTube ／外務省公式チャンネルより

◉ インフォグラフィックス動画

　「インフォグラフィックス（infographics）」とは、インフォメーション（information）とグラフィックス（graphics）を合わせた造語です。情報やデータを、図やグラフなどを用いて視聴者に視覚的にわかりやすくビジュアル化したもので、そこに動きやBGMなどを加えて映像化したものを「**インフォグラフィックス動画**」と呼びます。数字ではわかりにくいデータなどをアニメーションにして表示することで、誰でも視覚的に理解しやすく表現できます。具体的な数字情報が重要なプランの説明や新サービスの紹介などに向いていると言えます。

出典：YouTube ／ Project：N 名古屋城をもっと詳しく知る『数字』の話

◉ モーショングラフィックス

　「**モーショングラフィックス**」とは、絵や写真、文字、図形、ロゴなどの静止画像や素材に動きや音を加えて、動画に加工したものです。抽象的なイメージの事柄を視覚的に視聴者に伝えたい時や、言葉では伝わりにくい説明をわかりやすくする時の視覚的補助として使用されることが多くなっています。モーショングラフィックスの表現方法は様々であり、最近では平面のグラフィックスを立体的（3D）に表現したり、実写とアニメーションを合成して仮想現実のような世界観を表現したりと、その技術は日々進化しています。現在はWEBやSNS、電車内の広告など、あらゆる動画広告において多く取り入れられています。

出典：YouTube ／国土交通省公式チャンネルより

Section 2-2 ビジネスアニメの制作

ビジネスアニメを制作すると言っても、その方法は様々です。本節では、実際に制作するにあたってどのような手段があり、どのような特徴があるのかを説明します。

✚ 動画制作の流れ

ビジネスアニメに限らず、動画を制作するためにはいくつかの必要な工程があります。もしみなさんが動画制作の担当者だとして、動画制作を依頼されてから、完成するまでの一連の流れを見てみましょう。よりイメージしやすいように、料理を作る工程に例えてご紹介します。

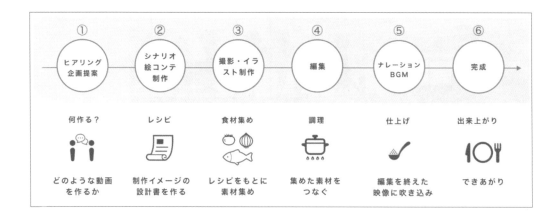

◉ ①ヒアリング／企画提案 (何を作る？)

動画の制作依頼を受けたらまず最初に行うことは、「何を作るか」決めることです。

料理の場合は「美味しく食べてもらう」ことが目的になりますが、食べる方の年齢や好み、健康状態や食べる場所などによって、何を美味しいと感じるかは変わってくると思います。動画制作においても同様に、**顧客が何を求めているのか**、視聴対象や視聴目的、視聴方法などをしっかりとヒアリングし、正確に把握した上で制作の方針を決める必要があります。

◎②シナリオ・絵コンテ制作（レシピ）

作るものの方向性が決まったら、次はレシピを作ります。動画制作においては、**「シナ
リオ」や「絵コンテ」と呼ばれるもの**の制作がこの工程になります。

大まかなシナリオを作った後に、そのシーンごとに必要な要素を簡易的なイラストやテ
キストを使って表現していきます。これが絵コンテです。なお絵コンテの作り方について
は、別の項目で詳しく説明します。

この工程をしっかりと行うことで、出来上がりが想定と違うというような取り返しのつ
かない間違いが起きなくなります。

◎③撮影・イラスト制作（食材集め）

レシピができた後は、必要な素材を集めます。料理であれば、手元にない食材や調味
料などは大抵買い揃えられますが、動画制作では、**実写の場合は撮影（カメラマン）、ア
ニメの場合はイラストを描き起こす（イラストレーター）**などの作業が必要になります。

最近では、著作権フリーの映像や写真、イラストなどがインターネット上で販売されて
いる（無料のものもある）ため、イメージに合うものがあれば、それらを利用する場合もあ
ります。

元々素材がある程度揃っているのか、または新たに準備する必要があるのかによって、
全体の制作期間や工数（コスト）が大きく変わってきます。

◎④編集（調理）

素材が揃ったらようやく調理です。動画制作では「**編集**」の工程にあたります。「編集」
はPremiere ProやAfter Effectsのような編集ソフトを利用して行います。

絵コンテ（レシピ）に合わせて準備した映像やイラストなどの素材を並べ、動きや効
果、テキスト情報などを加えて仕上げていきます。

料理も何度か味見をして調整するように、動画編集も最初から希望通りに仕上がること
は中々ありません。**試写（プレビュー）と修正**を繰り返して、完成に近づけていきます。

◎⑤ナレーション・BGM（仕上げ）

編集が終われば最後の仕上げです。料理で最後に色味を添えたりトッピングをしたり
するのと同じように、動画制作では最後に**BGMや効果音、ナレーション**などを挿入して

いきます。

　この段階まで進むと、これ以降の大きな修正は基本的にはありません。

◎ ⑥完成（出来上がり）

　動画の完成です。料理でも作ったものや提供する場所によって器を変えるように、動画も内容や用途によって容量や形式を調整した上で**書き出し（データ化し）**、顧客に提出します。

➕ビジネスアニメ制作の方法

　ビジネスアニメにおいても前出①～⑤の工程は変わりませんが、どの工程までを自作で行うか、またどのように制作するかによって4つのパターンに分けられます。それぞれのパターンについて見ていきましょう。ご自身のスキルはもちろん、予算や制作作業にかけられる時間などによって、最適な方法を選択する必要があります。

	制作方法	自分で必要な対応
自前で制作	作画ソフト＋編集ソフトで制作	①、②、③、④、⑤
	アニメ制作ソフトで制作	①、②、④、⑤
外部に委託	フリーランスに委託	①、②
	制作会社に委託	なし

➕「作画ソフト＋編集ソフト」で制作する

　オリジナルのビジネスアニメを一から自前で制作するためには、「**イラストを描くソフト**」でイラストを制作し、「**映像を編集するソフト**」でストーリーに合わせた動きや効果を加える方法が一般的です。

　「イラストを描くソフト」は様々ですが、2019年に株式会社MUGENUPが発表した「イラストレーター白書2019」の、イラストレーター2661人のアンケートによると、イラストレーターが最も利用しているソフトは「CLIP STUDIO PAINT」で、次いで「Photoshop」になります。

● イラストレーターが使用するアニメ作画ソフトTOP5

利用ソフト	利用率（複数回答可）
CLIP STUDIO PAINT	78.50%
Photoshop	37.10%
SAI	23.40%
Illustrator	15.00%
MediBang Paint（メディバンペイント）	13.00%

出典：（株）MUGENUP「2019年イラストレーター白書」より
https://mugenup.com/2019/04/26/iwp2019_report/

　「映像を編集するソフト」についても、有料、無料含めて様々なものがありますが、ビジネスアニメとして取引先や顧客向けに制作することを想定した場合は、必然的に「After Effects」を選択することになると思います。「After Effects」はアニメ動画の編集を行う上での代表的なソフトであり、映像制作を本業としているクリエイターの多くが利用しています。

　同じくAdobeの製品で「Premiere Pro」がありますが、こちらは映像をつないで制作する実写系動画や長尺動画の編集向きのため、ビジネスアニメ制作においては「After Effects」を利用するのが一般的です。

● CLIP STUDIO PAINT

　「CLIP STUDIO PAINT（通称クリスタ）」は日本のセルシス社が2012年に発売したパソコンやタブレット、スマートフォンで漫画やイラストを描くことができるイラスト作画ソフトで、世界中のイラストレーターに利用されています。高度な筆圧感知によって自然な描画を行うことができ、またペン・ブラシも豊富なため、イメージに合うタッチを実現できます。

　「EX」や「PRO」など機能によって種類がありますが、一般的な「PRO」（ダウンロード版）で5,000円程度と比較的安価なことも、プロからアマチュアまで広く利用されている要因となっています。

出典：CRIP STUDIO PAINT　https://www.clipstudio.net/ja/functions/

◉ Photoshop

　「Photoshop（フォトショップ）」は、Adobe（アドビ）というアメリカの会社によって提供されている世界で最も有名な画像編集ソフトです。写真を加工・合成したり、美しいグラフィックやイラストを作ったりと色々なことができます。文字やデザインレイアウトにも強く、色味編集やフィルター加工なども豊富なので、多くのゲームや映画デザイン関係の会社でも使われています。ただ、どちらかというと風景や人物などの写真、ポートレートを加工編集するための機能が中心で、漫画やイラスト制作に特化したソフトではないため、初心者の方には少し難易度が高いと思われます。価格は月額2,728円（2024年2月時点）です。

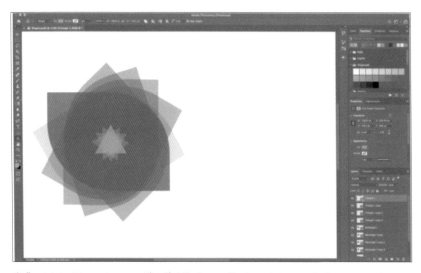

出典：Adobe Photoshopユーザーガイド　https://helpx.adobe.com/jp/photoshop/using/drawing-shapes.html

◉ After Effects

「After Effects（アフターエフェクツ）」は、「Photoshop」と同じ Adobe が販売している映像のデジタル合成やモーショングラフィックス制作などを目的としたソフトウェアです。After Effectsには、イラストやグラフィックスに適用する数多くのエフェクト機能が用意されています。エフェクトをかけることで色の補正やイメージの変形、動きをつけることなどが可能です。映像の編集作業やCM制作、アニメ・ゲームのコンテンツ制作など、幅広いジャンルの現場で利用されています。 価格は月額2,728円（2024年2月現在）です。

出典：Adobe After Effects　https://www.adobe.com/jp/products/aftereffects/motion-graphics.html

➕「アニメ制作ソフト」で制作する

イラストの制作や映像編集については、前出の通りプロのアニメーターでない方でも制作できる専用のソフトがあるものの、全くの初心者やイラストを描くことが苦手な方にとっては難易度が高いと思います。

一方で、YouTubeを中心とした動画投稿プラットフォームの広がりにより、動画制作会社ではない一般の方でもアニメ動画を作りたいというニーズが高まっていることを受け、誰でも手軽に簡単にアニメ動画が制作できる「**アニメ制作ソフト**」が注目されています。

「アニメ制作ソフト」として最も有名なものが、本書で解説する「**VYOND**」です。「VYOND」については、第4章以降で詳しく説明していきます。

＋「フリーランス」に委託する

　「**フリーランス**」とは、会社や団体などに所属せず、仕事に応じて自由に契約する人のことです。アニメや動画制作はPCのみで業務が完結することも多く、そのため「フリーランス」として活動されている方も多くいます。

　ビジネスアニメの制作を会社としてフリーランスに委託する場合、「**クラウドソーシング**」を活用するのが一般的です。「クラウドソーシング」は、発注者がインターネットを介して委託したい業務への応募者を募り、業務者（フリーランス）を選定・依頼するというものです。必要な時に必要な人材やスキルを気軽に調達することが可能で、契約や経理処理も個人とではなくクラウドソーシングのマッチング会社を通じて行うことができるため、活用する企業が増えています。

　代表的なクラウドソーシングのマッチング会社として「ランサーズ」や「クラウドワークス」などがあります。これら大手の場合、映像制作のクリエイターだけでも登録者数は1万人以上になるため、希望するイメージに近い作品を制作できる可能性は高くなります。

◉「クラウドソーシング」する場合のポイント

　◎ ポートフォリオ（作品集）や制作実績を入念に確認し選定を行う
　◎ 制作の背景や目的、完成品のイメージを出来るだけ細かく伝える

　フリーランスには経験豊富な方もいれば初心者と変わらない方もいるため、ポートフォリオや過去の制作実績によりスキルレベルや特徴を見極める必要があります。マッチングサイト上でポートフォリオや過去の請負実績、顧客からの評価などを確認することが出来るため、できるだけ多くの方を見た上で選定するとよいでしょう。ただし、人気のクリエイターは金額もそれなりに高額になる場合がありますので、注意が必要です。

　また、フリーランスはそれぞれの仕事場（自宅など）で作業を行うため、制作の過程で細かく指示を行うことは難しいです。仕上がった作品がイメージと全く異なるものになることを避けるためにも、事前に制作の背景や目的、完成品のイメージを明確に伝える必要があります。シナリオや絵コンテなどを依頼者側で制作することも、ギャップを最小限に抑えるためには重要です。

✛「制作会社」に委託する

「**制作会社**」は動画制作を代行してくれる会社です。制作会社を活用することで、動画制作に関わるほとんどの工程を丸ごと委託することができます。また案件単位で「**ディレクター**」と呼ばれる現場監督をつけてもらえるため、クリエイターに対する細かい指示を自分で行う必要もありません。制作前に入念に打ち合わせを行い、制作会社が作成した絵コンテなどによってイメージのすり合わせを行ってから制作に入るため、見当違いの作品が仕上がる可能性も少なくなります。その分、フリーランスを活用する場合に比べてコストが大幅に上がりますので、予算に応じて検討されるとよいと思います。またビジネスアニメの制作の場合、一般的には発注から納品まで1ヶ月半から2ヶ月程度かかるため、ゆとりを持った計画が必要です。

◉「制作会社」に委託する場合のポイント

◎業者選定は複数業者と直接対話した上で行う
◎動画の素材の利用権利についての確認を行う

一言で「制作会社」と言っても、TVCMのようなクオリティの高い作品を手掛けている会社や、YouTube用の動画編集を低コストで請け負っている少人数の会社など様々です。制作会社それぞれで得意としているジャンルが違うため、ビジネスアニメ制作を委託する場合は、アニメーション制作の実績が豊富な業者を選定する必要があります。制作会社のHPに過去の制作実績の掲載があれば事前に参考にするのはもちろん、クライアントとの契約によりHP上では開示できない作品も、商談の場では見せてもらえるケースもあるため、直接会って相談してみることをおすすめします。

制作会社に委託した場合、完成後の納品物は一般的に完成品の動画データ（MP4形式など）のみとなります。制作時に描き起こしたイラストや編集時のデータについては、所有権が制作会社側に帰属するため、原則として二次利用が出来ません。動画内のキャラクターやビジュアルを切り出して他の媒体等で利用する可能性がある場合は、契約前に制作会社へ相談しなければならないため、注意が必要です。

✚ ビジネスアニメ制作のコスト

　ビジネスアニメを制作会社に委託して制作する場合、実際どのくらいの費用が発生するのでしょうか？完成した動画を商品として見た場合の価格は、日用品や電化製品などと違い、その実用性や機能性（スペック）とは連動しません。どちらかというと時計や美術品などと同様に、どのような人がどのぐらい時間をかけて作ったかによって価格が変動するため、非常に曖昧です。

◉ ビジネスアニメを制作会社に委託した場合の費用相場

企画構成費（シナリオ、絵コンテ）	10 〜 20万円
ディレクション費（全体管理費）	10 〜 50万円
イラスト制作費	10 〜 50万円
編集費	10 〜 100万円
ナレーション費	5 〜 15万円
BGM、SE（Sound Effect）	5 〜 15万円
合計	50 〜 250万円

　上記は1〜2分程度のビジネスアニメの制作を制作会社に委託した場合の費用相場イメージです。**最低でも50万円**程度はかかることがわかります。

　また、合計金額が50万円〜250万円とかなりの幅がありますが、それは「編集費」によるところが大きいです。ビジネスアニメにおけるアニメーションの種類が様々あることは前節でお伝えしましたが、例えば「モーショングラフィックス」を多用すると、専門のクリエイターが時間をかけて制作することになるため、それだけ編集費がかかってきます。逆に、既に素材として存在するイラストを平面上で動かす程度であれば「イラスト制作費」、「編集費」ともに安く対応できるため、全体の費用も比較的に安価になります。

　ビジネスアニメを制作会社に委託する場合、気がつけば制作費用が高額になっているということが多々あります。そうならないためにも制作の目的や使用用途をあらかじめ明確にし、目的を達成するために「どのような表現方法」のものを「どのくらいのクオリティ」で作成するのかについて、見積りの段階で制作会社としっかりと対話することが重要です。

ビジネスアニメ制作の
ポイント

この章では「ビジネスアニメ」を制作する前に押さえておきたいポイントを学びます。

制作前に決めておくべきことやシナリオ作成のコツ、絵コンテの書き方、

配色の基本知識など、作品のクオリティを高めるためのいくつかの

大切な要素について詳しく解説いたします。

Section 3-1 制作の前に決めること

ビジネスアニメの制作にあたり、完成物が期待通りに活用され効果を発揮するためには、制作前に決めなければならないいくつかのポイントがあります。本節ではその内容について詳しく説明します。

＋動画制作の前に決める6つのこと

これまで説明してきた通り、ビジネスアニメには様々な種類や表現方法があり、活用の目的や用途によってそれらを適切に選択しなければなりません。そのため、制作に入る前に必要な情報を整理し、制作の方針を決めることがとても重要です。

ビジネスにおいて、物事を進める時に押さえておくべき指標として「5W2H」といった基本的な考え方がありますが、動画制作においても、事前に押さえておかなければならない**6つの重要なポイント**があります。

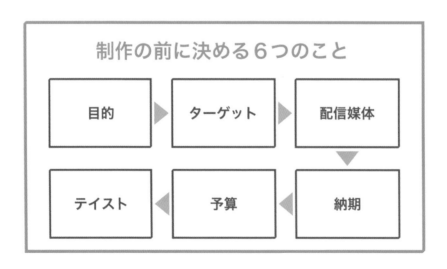

この6つの項目は、動画制作会社が案件受託前の最初の打ち合わせでクライアントに対してヒアリングする項目と同じです。これらの前提条件を確認、整理することで、おのずと制作すべき動画の種類や手法が決まってきます。

➕目的を定める

6つの項目の中で最も重要なものが、**「目的」を定める**ことです。目的を明確に設定することで動画制作の大きな方向性が決まり、残りの5つの項目を決めるための指針となります。

例えばある商品のセールス担当者が動画制作を任された場合、動画制作の目的は下記の5つのステージのいずれかになるため、まずはどの段階の動画制作を行うのかを明確に設定する必要があります。

◎①興味（関心を持ってもらう）

ブランディング動画やティザー動画、セール告知動画などが該当します。動画自体でお客様の興味を引きつける必要がありますので、短時間かつインパクトのあるデザイン性が必要になります。

◎②理解（知ってもらう）

企業PR動画、商品紹介動画などが該当します。興味を持ったターゲットに対して企業や商品の特徴、メリットなどを端的に伝え、動画を通して理解促進を図ります。情報を盛り込み過ぎずに訴求ポイントを絞ることが大切です。

◎③納得（理解を深める）

商品説明動画、研修動画などが該当します。他社商品との比較材料となる数値データや、ターゲット層の具体的なニーズや課題に応える商品であると示すことで、共感を得て理解を深めることができます。

◉④判断（判断してもらう）

インタビュー動画、事例紹介動画などが該当します。お客様のリアルな声や実際の活用事例を動画化することで、顧客の不安要素を払拭し契約や購入の後押しにつなげます。ただしリアルな臨場感が重要なため、ビジネスアニメ（アニメ動画）との相性はあまりよくありません。

◉⑤購入（商品を購入してもらう）

チュートリアル動画、取扱説明動画などが該当します。購入後のサポートコンテンツが充実していることで、購入者はもちろん購入検討者の安心感も高まります。顧客層に合わせ、丁寧でわかりやすい内容と充実したラインナップが大切です。

ステージ	目的	コンテンツ例
興味	商品に関心を持ってもらう	・ブランディング動画 ・ティザー動画 ・セール告知動画
理解	商品を知ってもらう	・企業PR動画 ・商品紹介動画
納得	商品の価値を理解してもらう	・商品説明動画 ・研修動画
判断	購入を判断してもらう	・インタビュー動画 ・事例紹介動画
購入	商品を購入してもらう	・チュートリアル動画 ・取扱説明動画

出典：宣伝会議「動画の目的を明確に！活用シーンとそれぞれのKPI」

このように「目的＝視聴者に何をして欲しいのか？」が明確になると、どのような動画コンテンツが適しているのかはおのずと決まってきます。よって、動画制作の「目的」をまず初めに検討し、設定することが重要になります。

✚ ターゲットを設定する

動画制作の「目的」が定まれば、次に設定するのが「**ターゲット**」です。動画制作では「誰に何を伝えるか」を明確に決めることが重要です。動画制作の開始時にこの部分がしっかりと決まっていなければ、伝えたいことが薄れ、動画の効果を引き出すことが出来なくなりますので、ターゲットは最低限決めておく必要があります。

動画制作においてターゲットを決定するための要素には、以下のようなものがあります。

◉「ターゲット」設定要素の例

前提条件	法人向け（BtoB）or 個人向け（BtoC）
	社内向け（クローズド）or 社外向け（オープン）
	既存顧客 or 新規顧客
基本属性	年代、性別、地域、国籍
	職業、職種、年収
顧客特性	商品理解度
	IT リテラシー

また、ターゲットを設定する上での1つの手法として、「**ペルソナ**」という考え方があります。ペルソナとは、自分たちが狙っている「ターゲット」を上記のような定量的な属性データの共通項（性別、年齢、居住地等）からではなく、もっと感性的、心理的な情報も含めてイメージできるように、まるで生きている人間のように性格付けしたもののことを言います。ペルソナを設定することでターゲット像が可視化されるため、より「ユーザー目線」で動画コンテンツを検討することが可能になります。

◉「ターゲット」と「ペルソナ」の設定例

ターゲット設定	性別：女性 / 年齢：30代〜40代
	職業：会社員 / 収入：約500万円 / 居住地域：関東
ペルソナ設定	名前：田中智美 / 性別：女性 / 年齢：32歳
	職業：化粧品メーカー・広報担当・チームリーダー
	収入：480万円
	家族構成：独身　居住地域：東京都中央区
	出身大学：早稲田大学
	趣味：海外ドラマ鑑賞　SNS：Instagramメイン
	入社後、ずっと営業だったが、今年から広報へ異動となった。憧れていた職種となったことで仕事への意欲が高まっている。最近は週末に行きつけのワインバーで同期と海外ドラマの話をすることが最大の娯楽

╋配信媒体を決める

　動画制作の「目的」と「ターゲット」が決まれば、次は「どのようにして」を決める必要があります。具体的には「**配信媒体**」です。「配信媒体」とは動画を再生（配信）するためのプラットフォームで様々な種類があり、それぞれに特徴があります。

◉配信媒体の種類

	特徴
動画配信ポータル（無料）	YouTubeなどの個人向け動画配信サイト。ネット環境さえあれば誰でも気軽にアクセスし閲覧することが可能。広告掲載あり。
動画配信ポータル（有料）	Vimeoなどの主に企業向けの動画配信プラットフォーム。パスワードにより特定のユーザーとのみ動画が共有出来るなどの機能が充実。広告掲載なし。
ホームページ	企業のホームページでの動画掲載。購入検討者や商品購入者などの自発的なサイト訪問が中心のため、サポート系のコンテンツが最適。
Eラーニングプラットフォーム	主に社内研修用として会社内で利用される。視聴の中断／再開や受講履歴などの機能があるため、比較的長時間のコンテンツでも配信可能。
SNS	Facebookなどの個人向けコミュニケーションポータル。不特定多数にプッシュ配信が出来るが、あくまでも広告のため数十秒程度でインパクトのある動画が必要。
オンラインストレージ	Googleドライブのような大容量のデータを共有できるストレージサービス。受け取り側がダウンロードして視聴する必要がある。データの受け渡し手段として活用。

＋納期を確認する

　動画制作の「目的」を達成するためにはいつまでに動画が必要か？いわゆる**「納期」の設定**も重要です。制作にかける時間が長ければ長いほどこだわりのある質の高い作品を作り込むことができますが、せっかく時間をかけて制作した作品も、利用するタイミングを逸してしまっては意味がありません。よって納期を明確にし、そこから逆算してどの工程にどのくらい時間をかけることが出来るのかを見積もった上で、実現可能な制作手段を検討することが一般的です。

◎ 一般的なビジネスアニメ制作期間

| 企画・絵コンテ 2週間 | イラスト制作 2週間 | 編集 2週間 | 修正 1週間 | 納品 |

約1.5ヶ月〜2ヶ月

　ビジネスアニメを制作会社で制作する期間は**1.5ヶ月〜2ヶ月程度**が相場です。設定した納期がこの期間に満たない場合は、クオリティを落としてどこかの工程を短縮するか、納期自体を再設定する必要があります。

＋予算を決める

　動画制作にはお金がかかります。仮にビジネスアニメを制作会社に委託した場合、最低でも50万円程度の制作費用が発生することは前節でお伝えしました。更に、利用目的によっては動画制作費とは別に広告費やシステム利用料なども発生する場合があります。

　広告宣伝費なら、費用をかけるほど視聴者の目に触れる機会が増えます。一方で動画制作については、かけられる金額には際限がありませんが、その効果については必ずしも金額と比例しません。例えば高級な食材をふんだんに使用したフルコース料理店とボリュームが自慢の定食屋では支払う料金は全く違いますが、利用する目的が「お腹を満たすこと」だけであれば、目的に対しての満足度自体は大して変わらないのと同じです。

　大切なのは、使える**「予算」の上限を決める**ことです。予算の上限が決まれば、少なくとも誰が制作するのか？についての選択肢が絞られます。余裕があれば制作会社への委

託ができますが、そうでなければフリーランスを活用するか自作するかになります。

✚テイストを決める

　最後に決めることは「**テイスト**」です。ここまでの5つの項目について整理が出来ていれば、動画制作の方針はほぼ決定しています。とはいえ、伝えたいメッセージは同じでも、利用するイラスト、背景、配色、フォント、BGMなどによって視聴者に与える印象は大きく変わります。「どのようなテイスト」で制作を行うのか、完成品のイメージを制作者と共有することで、ようやく動画制作をスタートすることができます。

　その際、頭の中に完成品のイメージがあったとしても、それを言葉で正確に伝えることは困難なため、イメージの共有方法としては、YouTubeなどの動画サイトで完成品のイメージに近しい動画を探して提示するのがよいと思います。

✚動画制作の「5W2H」

　ここまでで動画制作の前に決める6つのことについて詳しく説明しましたが、ビジネスにおける一般的な「5W2H」に置き換えると、下記のようになります。

制作の前に決める6つのこと	動画制作の5W2H
目的	Why（なぜ?）What（なにを）
ターゲット	Who（誰に）
配信媒体	Where（どこで）
納期	When（いつまでに）
予算	How much（いくらで）
テイスト（クオリティ）	How to（どのように）

　プロジェクトを進める前に「5W2H」を設定するように、動画制作においてもこれらの項目を正しく設定することが、目的を達成するための重要なポイントになります。

シナリオ・絵コンテの作り方

Section
3-2

ビジネスアニメの制作において初めに行う作業が「シナリオ」と「絵コンテ」の作成です。
本節ではシナリオと絵コンテの基本的な考え方や作り方について解説していきます。

＋「失敗しないシナリオ」のポイント

　動画制作の目的やターゲットが決まれば、次は「シナリオ」の作成になります。ここではビジネスアニメにおける「**失敗しないシナリオ**」の作成ポイントについて、いくつかご紹介します。

◎ お客様を主人公にする

　ビジネスアニメを作る場合、登場する主人公を誰に設定するかが肝心です。視聴者が知りたいのは、自分にとってメリットがあることだけです。実写の場合はどうしても、自分や商品など配信者側をメインに写してしまいがちですが、アニメーションを使うことで、視聴者自身を主人公にすることが可能となります。「**主人公＝視聴者となるお客様**」にするだけで、伝わる、共感できるストーリーができます。

◎「説得」ではなく「納得」

　商品のPR動画を配信した結果、商品やサービス自体の良さは伝わるものの、それが購入や契約のような結果に結びつかないことがよくあります。それは「視聴者に何を伝えるか？」という視点で動画が構成されているのが原因かもしれません。シナリオ作成で大切な視点は「視聴者に何が伝わるか？」です。つまり「私が伝える＝説得」ではなく、「あなたに伝わる＝納得」の視点、更には「**何が伝わればお客様に自発的に動いてもらえるか**」という視点でシナリオを検討することが重要です。

◉「メリット」と「ベネフィット」

　視聴者が「納得」し「自発的に動く」ためには、商品の「メリット」ではなくお客様にとっての「**ベネフィット**」を提示する必要があります。メリットが「商品自体の売りや特徴や利点」であるのに対し、ベネフィットは「その商品が使用者にどのような良い変化や利益をもたらすのか」です。このベネフィットに対して視聴者が共感できた時に初めてお客様は「納得」し、「自発的に」商品やサービスを選択してもらうことができます。

	メリット	ベネフィット
意味	商品・サービスそのものの売りや特徴や利点	その商品が使用者にどのような良い変化をもたらすか
事例① 高性能掃除機	吸引力が強い	気持ちが良い
	騒音が少ない	掃除の時間を気にしなくていい
	軽い	掃除が苦にならなくなる
事例② フードデリバリーサービス	ネットで注文ができる	ベッドの中から注文ができる
	時間指定ができる	起きた瞬間に熱々で食べられる
	割引クーポンがある	料理を作る必要がなくなり趣味の時間が増える

✚鉄板のシナリオ

　動画のシナリオは題材や動画の長さによっても変わりますが、ことビジネスアニメによる商品やサービスのプロモーション動画においては、「**鉄板のシナリオ**」があります。このシナリオを元にストーリーを組み立てることによって視聴者の心に刺さる動画を制作することができますので、ぜひ参考にしてみてください。

◉ 商品・サービス PR 動画の鉄板シナリオ

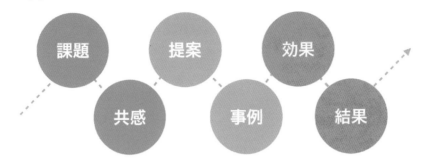

「鉄板シナリオ」は6つのシーンで構成されます。

シーン	概要	シナリオ例
課題	視聴者の悩みや課題を提起	体重の増加に悩んでいませんか？ テレワークの増加による運動不足のせいで同じ悩みを抱えている人がたくさんいます。
共感	悩みや課題を掘り下げ共感	間違ったダイエットを行うことで体調を崩したりリバウンドしたりするのも困りますよね。
提案	解決方法の紹介	その悩みを解決できる方法があります。 それは当社が開発したサプリメントです。
事例	具体的な活用方法の提案	朝、昼、晩の1日3回服用するだけで体重の増加を抑えることができます。出かける時にも携帯できるので便利です。
効果	得られる効果（ベネフィット）	体重の増加の悩みがなくなれば毎日のTV会議に顔を出して出るのも苦になりません。
結果	悩みや課題からの解放 ＝ハッピーエンド	悩みから解放されて気持ちが明るくなり日常生活に笑顔が戻りました。

　最も大事なポイントは**「課題」からスタートさせる**ことです。どれだけ素晴らしい商品でも、自分に関係のないものは誰も興味を持ちません。だからこそ、冒頭の「課題」と「共感」のパートで**「私が動画を視聴する必要性」**をどれだけ感じ取ってもらえるかが重要なのです。そして、動画の最後である「結果」は必ず**ハッピーエンド**で終わらせましょう。ビジネスアニメにおいては、動画の主役は視聴者です。視聴者の成功ストーリーを見せることで、購入後の良いイメージを持ってもらうことが出来れば、次の（購買などの）行動に移ってもらえる可能性が高まります。

✚絵コンテの必要性

絵コンテとは、アニメや実写ドラマ、映画といった映像作品を制作する時に、その流れを絵と文字を使って表現するドキュメントのことです。

絵コンテと言っても、絵だけで構成されるわけではありません。絵コンテには次のような情報が記載されます。

- ◎ **カットナンバー**：そのカットがどのシーンの何番目であるかを伝える通し番号
- ◎ **カットの画面**：そのカットを絵にしたもの
- ◎ **動きの説明**：キャラクターやカメラの動きについてテキストで説明したもの
- ◎ **音楽・効果音**：音楽や効果音の指示
- ◎ **セリフ**：キャラクターのセリフまたはナレーション
- ◎ **カットの長さ**：そのカットの長さ

こういったことを絵コンテにまとめる理由は、いくつかあります。

最も大きな理由は、制作者の考えを具体的に「**見える化**」し、制作の方向性についてクライアントとの合意を得るためです。またチームとして効率よく動くために、最初に絵コンテを作り、それを共通イメージとして作業を進めていくこともできます。

別のメリットとしては、制作者自身の考えを整理し、そこから更に発想を広げられるという側面もあります。元々は制作者の頭の中にだけある作品の流れや演出のアイデアを一度絵コンテとしてアウトプットし、客観的に眺め、誰かに意見を聞くことで、作品がより強固になっていくのです。

参考：ToonBoomブログ「絵コンテとは何？アニメ制作の初期で作られる重要な資料！」
https://blog.toonboom.com/ja

✚絵コンテのフォーマット

絵コンテのフォーマットに決まった形式はありません。前述した要素が記入できれば、大きさやレイアウトなどは自由です。インターネットで検索すれば無料でダウンロードできるものが多数出てきますので、ご自身に合ったフォーマットをご利用いただいて問題ありません。

昔は印刷して鉛筆で記入するのが一般的でしたが、最近では、クライアントやチームメンバーとオンライン上でコミュニケーションするケースが多いことから、Googleスプレッドシートなどで簡易フォーマットを作成して共有する方が多いと思われます。その方がメモ書きを残してもらうことなどが出来、フィードバックもスピーディーに伝えてもらえます。

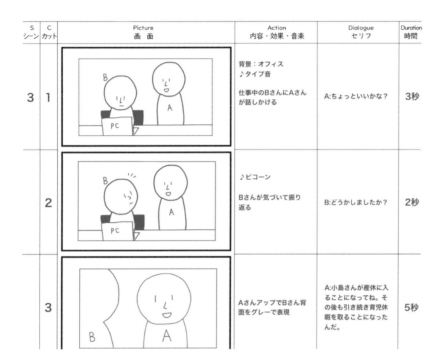

S シーン	C カット	Picture 画面	Action 内容・効果・音楽	Dialogue セリフ	Duration 時間
3	1		背景：オフィス ♪タイプ音 仕事中のBさんにAさんが話しかける	A:ちょっといいかな？	3秒
	2		♪ピコーン Bさんが気づいて振り返る	B:どうかしましたか？	2秒
	3		AさんアップでBさん背面をグレーで表現	A:小島さんが産休に入ることになってね。その後も引き続き育児休暇を取ることになったんだ。	5秒

✚ 絵コンテのイラスト

　「絵を描くのが苦手なので絵コンテが描けない」と思い込んでいる方は多いのではないでしょうか。確かに広告代理店がクライアントに提出する「TVCMの絵コンテ」などは、1コマ1コマに詳細な描写が描き込まれていたりします。これは、絵コンテ自体が企画書としてクライアントに審査されるいわば「作品」であるという側面を持っているからで、絵コンテの作成も専門の方が行う場合が多いと思います。一方で、一般的な絵コンテはストーリーの流れや動画による表現の仕方を伝えるためのものですので、その役割を果たすことが出来れば、絵の綺麗さや書き込みの多さは問題にはなりません。

　左のイラストは人がパソコンの作業中に時計を見ている風景です。部屋の中を細かく描写しなくても、簡単な時計のイラストと「オフィス」「PC」の表記があるだけで、その情景がイメージ出来ます。

　右のイラストは部下が上司に怒られている風景です。キャラクターの表情により緊迫した状況が伝わります。このように、**必要最低限の情報を書き込むだけ**でしっかりとイメージは伝わります。

◉ キャラクターは丸と線で表現

　キャラクターは、丸と線でシンプルに描写する、いわゆる「棒人間」でも構いませんが、体を1本の線だけで表現するのは、他の描写の線との区別がつかなくなるためおすすめしません。

◉ キャラクターの表情は描く

　キャラクターの表情は出来れば描いてください。実写映画の絵コンテなどは、撮影時に俳優さんに表現を任せるために、絵コンテ上ではあえて顔の表情を描かずに十字で表現することがありますが、アニメの場合はイラスト制作時点でキャラクターの表情が決まっている必要があるため、絵コンテにも描くようにしましょう。

◉ 物は文字で十分

　シチュエーションやオブジェは、四角や丸に名称を書き込むだけで十分です。大切なのは何をどこに配置するのかがわかることですので、細かく描写する必要はありません。

◉ あるものを使えばよい

　シナリオの元になる資料や写真などがある場合は、その該当ページやパーツをそのま
まコンテに貼り付けても構いません。必ずしも手書きで描写する必要はありません。

配色の基本

ビジネスアニメにとって、「色」は登場人物の性質や心情、場の雰囲気を視聴者に伝える重要な要素の一つです。本節では、動画制作において重要な「配色の基本知識」について説明します。

➕色の基本

　制作する動画のメッセージを視聴者に最大限に伝えるためには、メッセージの内容や企業イメージ、配信対象や配信先などによって「色」を効果的に使い分ける必要があります。そのためにも**「色」が持つ意味**を正しく理解することが大切です。

　また動画に限らず、WEBページや広告などのデザイン、PowerPointなどでのビジネス文書作成といったシーンにおいても「色」は用いられることから、様々なビジネスパーソンにとって「色の知識」を習得することは大きなメリットになります。

◎有彩色と無彩色

　青や赤、黄などの色味を持った全ての色を**「有彩色」**と呼び、白と黒およびそのグラデーション上に位置する灰色などの、色味を持たない色を**「無彩色」**と呼びます。有彩色は色の選択と組み合わせで豊かな表現が可能になる一方、組み合わせによって色の効果を打ち消すこともあります。無彩色は無機質で固い印象になりがちですが、文字通り色味がないため、どんな有彩色と組み合わせても馴染む特性があります。

有彩色

無彩色

◉ 暖色と寒色、中性色

　赤や黄など、暖かみを感じさせる有彩色を「**暖色**」と呼び、青や紫など、冷たさを感じさせる有彩色を「**寒色**」と呼びます。活発さや暖かみの表現には暖色が適しており、飲食店のロゴなどに多く使われます。一方、落ち着きや知的さの表現には寒色が使われやすく、金融機関や公共機関、IT、BtoB企業などは寒色を使うことが多いです。なお、暖色と寒色の中間に位置する緑や赤紫は「**中性色**」と呼ばれることもあります。

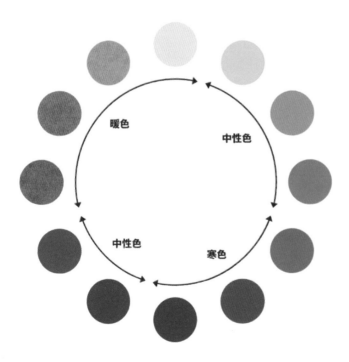

　また、それぞれの色が与えるイメージを理解しておくことも重要です。**色の持つ「意味」**を知ることで、デザインにおいて適切な色を選ぶことができます。

◎ **赤色**：生命、愛情、情熱、太陽、恋、地獄、前向き

◎ **橙色**：暖か、幸福感、元気、楽しい、好奇心、社交的、家庭的、活発

◎ **黄色**：明るい、軽快、好奇心、希望、楽しい、活発、幸福、危険、緊張

◎ **緑色**：健康、若さ、新鮮、癒し、安全、安らぎ、自然、平和、協調

◎ **青色**：安心感、夏、開放感、知的、誠実、理性、清潔、寂しさ、若さ

◎ **紫色**：神秘的、高貴、ミステリアス、不安、宇宙、優雅、魅力的

◎ **灰色**：落ち着き、上品、安定、迷い、調和、不安、過去、薄暗い、憂鬱

◎ **黒色**：威厳、高級、自信、暗闇、死、恐怖、悪、沈黙、絶望、男性的

◎ トーン

色には3つの属性があります。「**色相（色の種類）**」、「**明度（明るさ）**」、「**彩度（鮮やかさ）**」と呼ばれるものです。このうち、明度と彩度が同じ色相グループを「**トーン**」と呼びます。PCCS（日本色研配色体系：Practical Color Co-ordinate System）では、縦軸を明度、横軸を彩度とし、以下通り全部で12のトーンに分類しています。

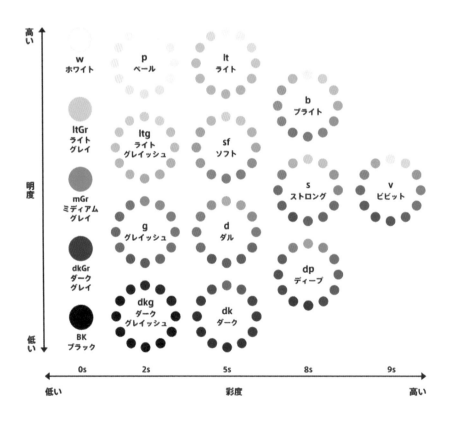

トーンが近いほど共通性のあるまとまった配色に、トーンが離れるほどコントラストやメリハリのある配色になります。またトーンにはそれぞれ固有のイメージがあります。特定のイメージを演出したい時は、トーンを手掛かりにすると色を決めやすくなります。

v (ビビット)	さえた、鮮やかな、派手な、目立つ、生き生きした
b (ブライト)	明るい、健康的な、陽気な、華やかな
s (ストロング)	強い、くどい、動的な、情熱的な
dp (ディープ)	濃い、深い、上品な、伝統的な、和風の
lt (ライト)	浅い、澄んだ、子供っぽい、さわやかな、楽しい
sf (ソフト)	柔らかな、穏やかな、ぼんやりした
d (ダル)	鈍い、くすんだ、中間色の
dk (ダーク)	暗い、大人っぽい、円熟した、丈夫な
p (ペール)	薄い、軽い、あっさりした、弱い、女性的、若々しい、優しい
ltg (ライトグレイッシュ)	落ち着いた、渋い、おとなしい
g (グレイッシュ)	灰みの、濁った、地味な
dkg (ダークグレイッシュ)	暗い灰みの、陰気な、重い、堅い、男性的

出典（P47 〜 49まで全て）：knowledge/baigie「デザイナーじゃなくても知っておきたい色と配色の基本」
https://baigie.me/officialblog/2021/01/27/color_theory/
出典：色彩101「PCCSとは（色相環、トーン概念図）」
https://www.shikisai101.com/color/basic/detail/What-is-PCCS-color-circle-tone-conceptual-diagram.html

✚ 配色の基本

企業や商品のイメージを元にメインカラーを決めた後、他にどのような色を組み合わせればよいか悩まされることが多いと思います。この「配色」についても、体系化された基本的な考え方がありますのでご紹介します。

色選びのコツは**「色相」と「トーン」の組み合わせ**で色同士の関係を考えて配色することです。仲のいい色、喧嘩する色、仲介する色など色の相性を知っていると、配色のセンスに自信がない方でも自然と万人に好まれる色を選択することが出来ます。

◉ カラーホイール

「カラーホイール」は、「赤」「黄」「青」を基準とした12色をサークル上に配置したものです。 相性のいい色の組み合わせや、反対に相性の悪い組み合わせなど、色の組み合わせにどんな効果があるのか判断する手助けをしてくれます。

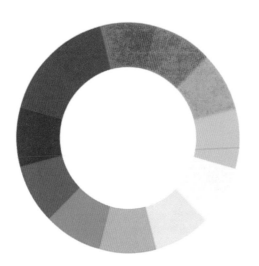

◉ 単色、モノクロ

例えば、青を基調とした明るい色から暗い色まで。このタイプの配色は、わずかな変化で保守的な印象を与えます。

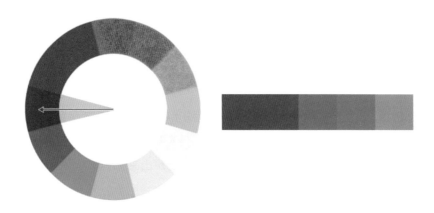

◉ 類似色

　カラーホイールの中で隣同士に並んでいるものが「類似色」です。類似色を使用すると、調和があり目に優しいデザインを作れます。

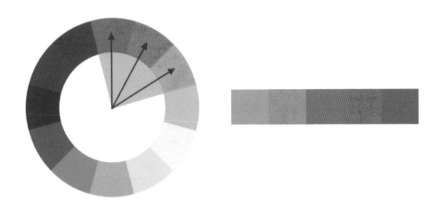

◉ 補色

　カラーホイール上で対角線上に位置するのが「補色」です。補色を利用することで、存在感があり注目をひくデザインとなります。

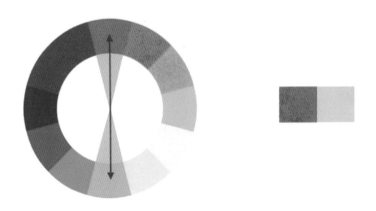

出典：PHOTOSHOPVIP「プロに学ぶ、一生役立つ配色の基本ルール8個まとめ」
https://photoshopvip.net/102903

✚「カラーパレット」の活用

　「配色」の基本的な知識を学んでも、実際に動画の中で使う色はどのような組み合わせがいいのかは、やはり悩みます。そこで活用したいのが「**カラーパレット**」です。「カラーパレット」は世界中の企業やデザイナーが活用している色見本をインターネット上のサイトやツールとして公開しているものです。

　サイトやツール上で「ピンク」や「かわいい」などのように、イメージしているキーワードで検索すると、雑誌や広告などでよく使われるような色の組み合わせを提示してくれます。

◉「カラーパレット」有名サイトの一例

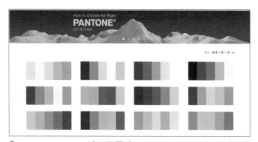

「Adobe Color CC」：世界中のAdobeユーザーが投稿したパレットを閲覧できる
https://color.adobe.com/ja/explore

「Nipponcolors」：日本由来の色を探せるサイト
https://nipponcolors.com/

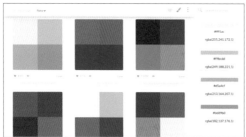

「ColorDrop」：シンプルな見た目とUIで使いやすい
https://colordrop.io/

＋配色の比率

どの色をどの程度の割合で「配置」するかも、「配色」の重要なポイントです。

　一般的に、基本カラー3色を「**70%：25%：5%**」の比率にして配色すると、バランスの取れた美しい配色になるとされています。最も大きな面積を占める色を「ベースカラー（70%）」、ブランドのイメージカラーなどデザインの中心になる色を「メインカラー（25%）」、画面にアクセントを持たせるための色を「アクセントカラー（5%）」と呼びます。

◉ ベースカラー

　配色の中で最も大きい面積を占める色であり、全体イメージのベースとなるのが主な役割となります。背景色となることが多く、薄い色の方が扱いやすい傾向にあります。

◉ メインカラー

　配色の中で2番目に広い面積の色であり、対象のイメージを強めるのが役割となります。キーカラーやブランドカラーをメインカラーとして使うことが多いです。

◉ アクセントカラー

　配色の中で最も小さい面積の色であり、全体を引き締め、注目を集める役割があります。基調となる色と明度や色相の差が大きい対照的な色を少量加えると、配色全体にメリハリが生まれ、全体を引き立てる効果が高まります。

出典：Webnaut「色相環」とか「トーン」ってどう使うの？配色のコツは「ジャッドの色彩調和論」
https://webnaut.jp/design/645.html

YouTubeを利用した動画配信

動画の配信方法は様々ですが、無料で誰でもすぐに利用することができる「YouTube」の配信の手順についてご紹介します。

✚「YouTube」による動画配信の手順

　「YouTube」による動画配信はGoogleのアカウントさえあれば誰でも無料で行うことができるため、いわゆる「YouTube動画」として不特定の視聴者に広く動画を公開する一般的な使用用途ではなく、企業や個人の動画を特定の第三者に共有するための「動画再生プレイヤー」としてYouTubeを活用するケースが増えています。

　YouTubeへの動画投稿はいくつかのステップで簡単に出来ます。

◉YouTubeの動画配信（投稿）の流れ

1	チャンネルを作成する
2	動画をアップロードする
3	動画の情報を設定、入力する
4	動画の要素を決定する
5	YouTubeによるチェック
6	公開設定を行い公開（投稿）する

◉チャンネルの作成について

　YouTubeで動画配信を行うためにはYouTube上にご自身の「チャンネル」を作成する必要があります。「チャンネル」は右上のログインボタンより作成が可能です。「チャンネル」を作成するためには「Googleアカウント」が必要になりますので事前に作成をしておく必要があります。

◉ 動画の公開設定について

　YouTubeでの動画配信には「公開設定」として３つのパターンがあり配信の用途に応じて指定する必要があります。

　①**非公開**：自身または指定したGoogleアカウントからのみ視聴可能
　②**限定公開**：対象の動画URLからのみ視聴可能（検索では出てこない）
　③**公開**：誰でも閲覧可能

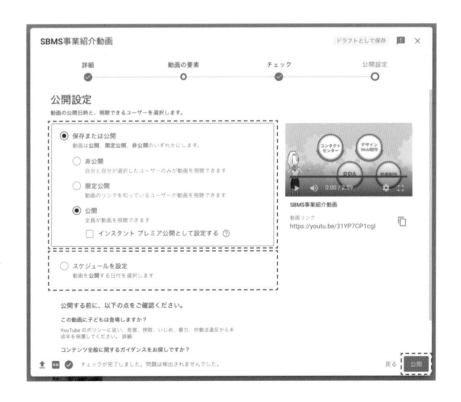

YouTubeへ動画を投稿する目的が、「不特定多数に視聴を解放し情報発信を行うこと」であれば公開設定は「公開」で問題ありませんが、「特定の第三者に対して動画を共有すること」である場合は、公開設定を「非公開」または「限定公開」にすることをおすすめします。また、「限定公開」についてはURLさえわかれば誰でも視聴することが可能なため、動画内に機密情報などが含まれる場合は「非公開」設定にする必要がありますので注意してください。

VYOND ってなに？

この章では「アニメ制作ツール」として注目を集めている「VYOND」について
類似商品との比較をしながら説明いたします。

Section 4-1 VYOND ってなに?

「アニメ制作ソフト」である「VYOND」が近年大きな注目を集めています。本節では「VYOND」が注目されている理由についてその特徴とともにご紹介していきます。

╋ アニメ制作ソフトとは?

　ビジネスアニメに対する需要が広がっているのは前述の通りですが、それと合わせて「**アニメ制作ソフト**」が注目されています。その理由は、アニメ動画を含む動画制作のハードルの高さにあります。これまでご紹介してきた通り、動画制作を行うためにはそれなりの知識やスキル、そしてコストがかかることから、活用したいと思っても気軽には手が出せません。そこで登場したのがアニメ制作ソフトです。

　アニメ制作ソフトは、第2章でも紹介した「CLIP STUDIO PAINT」や「Photoshop」のような「作画ソフト」、または「After Effects」のような「動画編集ソフト」を一切使わず、簡単にアニメ動画を制作することができます。

> 「アニメ制作ソフト」＝初心者でも簡単にアニメ動画が制作できるソフト

╋ 「VYOND」ってなに?

　「**VYOND**」はアメリカの「GoAnimate, Inc.」という会社が開発したアニメ制作ソフトです。全世界で1,200万人以上の登録者がおり、アニメ制作ソフトのカテゴリにおいては現在世界で最も活用されています。フォーブスという世界的に有名な経済紙の「世界が選んだ営業支援ツール30選」の中で「slack」や「Zoom」とともに紹介されたことでも注目を集めました。日本で本格的に導入されたのは2018年からで、株式会社ウェブデモと業務提携しています。

◉ イラストイメージ

✚ なぜ「VYOND」がいいのか?

　VYONDが世界中のビジネスアニメ制作ソフトとして選ばれているのには理由があります。ここでは、VYONDの強みであるいくつかの特徴についてご紹介します。

◉ 操作が簡単

　VYONDの操作は非常に**直感的**です。通常の動画編集ソフトは、キャラクターやオブジェクトに動きや効果をつけるための機能が細分化されており複雑で、自由度は高いものの、イメージ通りの映像を制作するためにはかなりの実践経験が必要になります。そのため、動画を作る前に使い方を覚えるだけで挫折する方も多いと思います。しかし、VYONDは作りが非常にシンプルで、操作も基本的には用意されているテンプレートをドラッグ&ドロップで画面に配置していくだけなので、動画編集の経験がない方でも直感的に作成することができます。イメージとしては、動画編集ソフトよりも「PowerPoint」のようなドキュメント作成ソフトに近い操作感です。

◉ テンプレートが多い

　VYONDの最大の強みは、利用できる素材や**テンプレートの多さ**です。キャラクターの種類はもちろん、キャラクターの動きや背景、小道具など、選べる素材の総数は2万点以上にも上ります。それらを組み合わせることによって、イメージした映像は大抵表現できると思います。また、それらの素材をあらかじめ組み合わせたテンプレートが約2,000種類あり、これらをつなぎ合わせるだけで、オフィスや学校、工場、医療などの様々なビジネスシーン、カフェ、レジャー、スポーツなどの日常シーン、グラフやコンセプトイメージなどの商用プロモーションといった、様々な用途のアニメ作品を瞬時に作成することが出来ます。

種類	素材数
キャラクター	1,701
アクション	6,023
小道具（PROP）	17,210
テンプレート	2,573
合計	27,507

※2024年2月時点 筆者調べ

◉ どこでも作業が出来る

　一般的な動画編集ソフトは「ダウンロード型」で、自身のPCにソフトをダウンロードして利用するのに対して、VYONDは「**クラウド型**」のサービスのため、インターネット経由でVYONDにアクセスし、クラウド上で利用します。そのため、PCとインターネット回線（無線含む）さえあればどこでも作業が可能で、帰宅後の自宅やインターネットカフェなどでも作業を再開することが出来ます。最近はテレワークが拡大し、働く場所も多様化している中で、わざわざ会社のPCを持ち運ぶ必要がなくなることは、ビジネスパーソンにとって大きな利点となります。また、チーム内でのデータの受け渡しやレビューなども、クラウド経由で簡単に出来ることも強みです。

◉ 毎月アップデートされる

　VYONDは毎月**無料**で**アップデート**されます。新しい機能や季節感のある素材、お洒落なテンプレートなどが毎月自動的に追加され、アニメとして表現できる幅が広がります。またクラウドサービスのため、新たにソフトを買い直したり、アップデートのたびに更新作業を行う必要もありません。

◉ ビジネスアニメとの相性が良い

　今でこそ、YouTubeなどでもVYONDで制作されたアニメ動画をよく見かけますが、元来VYONDは、ビジネスパーソンが自社で高品質なアニメ動画を制作し、ビジネスで活用することを想定した支援ツールとして開発されています。そのため、多数ある素材やテンプレートの多くが、ビジネスでの利用を想定したものとなっているため、まさに「**ビジネスアニメを制作するためのツール**」と言えます。

✛VYONDを使う際の注意点

ここまでVYONDの良い面をご紹介しましたが、反対に、事前に知っておかなければならない点もいくつかあります。

VYONDには、他のソフトには無い様々な強みがありますが、契約後に後悔することが無いように、事前にこれらを認識した上で利用判断を行ってください。

◉ 操作画面が全て英語表記

VYONDは、開発元がアメリカの会社であり利用者の大半も英語圏のため、操作画面やツール内の説明は全て英語表記です。直感的に操作できるので、慣れてしまえば気になりませんが、最初は戸惑うかもしれません。慣れるまでは、本書を片手に操作いただければと思います。なお、日本語フォントには対応していますので、動画に日本語表記のテキストの挿入することは可能です。

◉ インターネット環境がないと使えない

クラウド型のマイナスの側面になりますが、インターネット回線がない場合はアクセスすることが出来ません。また、回線速度が遅いと読み込みやプレビューに時間がかかりますので、安定した速度環境下での作業が必要になります。

✛国内での「VYOND」の活用例

VYONDが日本で利用され始めたのは2018年頃ですが、最近ではYouTubeなどでも、VYONDを利用してアニメ動画を制作されている方をよく見るようになりました。一方ビジネスアニメとしては、制作した会社の社員や、直接取引する相手以外は目にする機会が少ないかもしれません。ここでは、YouTubeで公開されている「VYOND制作によるビジネスアニメ」をいくつかご紹介します。

◉ SAPジャパン株式会社

中小企業でのERP活用のメリットを、わかりやすいストーリーにして解説しています。

https://www.sapjp.com/erp/

◉ 埼玉県女性キャリアセンター

子育てや介護で一時的に仕事から離れた女性の悩みと、それを支援するキャリアセンターの紹介を、アニメーションと実写を交えて説明しています。

https://zaitaku-cmam.jp/

◉ キヤノンマーケティングジャパン株式会社

煩雑な交通費精算を複合機で処理するアプリケーションの紹介。企業課題の解決方法をアニメーションでわかりやすく説明しています。

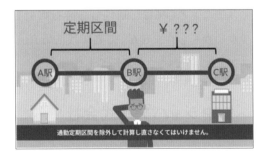

YouTube：キヤノンマーケティングジャパン公式チャンネルより
https://www.youtube.com/watch?v=Ax3TlCPM0d8

Section 4-2 VYOND 以外の アニメ制作ソフト

VYOND 以外にも、世界で利用されているアニメ制作ソフトは存在します。本節では VYOND と比較される代表的なソフトを、その特徴と合わせてご紹介します。

✚VYOND 以外のアニメ制作ソフト

ビジネスシーンにおいて VYOND を中心としたアニメ制作ソフトが日本で本格的に活用されだしたのはここ2〜3年ですが、海外では「**ホワイトボードアニメーション**」が一時期ブームとなったこともあり、早くから注目されていました。そのため、現時点で主要なアニメ制作ソフトは全て海外の製品となっています。

◉ Video Scribe

「VideoScribe」は、イギリスの sparkol 社が開発した、ホワイトボードアニメーションに特化したアニメ制作ソフトです。ビジネスアニメ制作ソフトの先駆け的な存在で、ビジネスに使用しやすい素材が約7,000種類ほど用意されています。インターフェースがとてもシンプルで使いやすく、また、ダウンロード型のためオフラインの作業が可能です。これまで日本語フォントに対応していなかったことが欠点とされていましたが、最近のアップデートにより日本語フォントにも対応できるようになりました。

◉ イラストイメージ

◉ Toonly

　「Toonly」はアメリカのBryxenという会社が開発した、カラーのアニメ動画を簡単に制作できるソフトです。イラストのテイストがシンプルで、アメリカの昔ながらの漫画のイメージが強くなっています。アニメーションの制作中にシーンごとのアイテムの動きなどが表示されるタイムライン部分が、他のソフトに比べて大きく取られていて見やすく、使いやすいという意見が多いです。クラウド型のサービスで、利用可能なキャラクターやアイテム数の異なる2つの料金プランから選択して利用することができます。

◉ イラストイメージ

◉ Powtoon

　「Powtoon」は英国のPowtoon社が開発したクラウド型のソフトで、定番のホワイトボードアニメーションの他に、モダンエッジやカートゥーン、リアルなどの様々なスタイル

から作りたいアニメーション動画の内容に合わせたスタイルやキャラクターを使用することができます。アメリカでは学校教育の教材としても利用されているそうです。有料版の他に無料版（利用制限やロゴ表記あり）もあります。

◉ イラストイメージ

◉ Animaker

「Animaker」はアメリカのAnimaker社が開発したクラウド型のアニメ制作ソフトです。用意されているテンプレートや素材を組み合わせるだけで、簡単に海外風のアニメ動画が作れます。制限は多いですがフリープランがあり、有料プランのグレードにより素材等のダウンロード制限数が変動する料金体系が特徴です。AndroidやiOSに対応しており、スマートフォンでもアニメーション制作が可能です。

◉ イラストイメージ

✚ アニメ制作ソフトの比較と料金

　アニメ制作ソフトについて、それぞれの特徴をご紹介しましたが、主要な項目について一覧で比較してみます。

	VYOND	Video Scribe	Toonly	Powtoon	Animaker
アニメーションのスタイル	3	1	1	5	6
素材の種類	約20,000	約7,000	約1,000	約1,000	約1,000
提供タイプ	クラウド	ダウンロード	クラウド	クラウド	クラウド
無料トライアル	2週間	1週間	なし	期限なし（フリープラン）	期限なし（フリープラン）
年間プラン	1,099ドル	180ドル	490ドル	840ドル	468ドル
月間プラン	179ドル	42ドル	49ドル	190ドル	79ドル

※2024年2月時点　筆者調べ
※素材の種類はテンプレート、キャラクター、アクション、BGM等の総数の概算
※料金は各社HP掲載の価格（正規販売価格）を記載
※プランはビジネスユースを想定した一般的なプランを想定して選定

　素材やテンプレートの数においては、VYONDが他の製品を圧倒しています。次いでVideoScribeが多く、その他は横並びです。アニメ制作ソフトは基本的に素材やテンプレートやBGMなどを組み合わせて制作を行うため、素材やテンプレートの数が多いほど制作の幅が広がります。

　料金を見ると、VYONDが他社と比べて高額です。価格面で考えるならVideo Scribeを選択するのもよいかと思いますが、Video Scribeはホワイトボードアニメーションのスタイルしかないため、用途と照らし合わせて検討する必要があります。

　また、操作感やイラストの好みなどは実際に使用してみないとわからない部分が多く、単純な比較が難しいので、まずは無料トライアルまたはフリープランを活用して、実際に試してみていただくことをおすすめします。

Chapter 4

Section 4-3 VYONDのサポート

VYONDを含めた代表的なアニメ制作ソフトはいずれも海外製であることから、サポート面での課題があります。本節では、日本におけるサポートの現状とその解決策についてご紹介します。

＋海外製という壁

アニメ制作ソフトはアニメ動画制作の常識を大きく変える非常に素晴らしいツールであることは間違いありませんが、日本の企業の方が実際に使うとなると、立ちはだかる大きな壁があります。それは「言語の壁」です。

VYONDを含めた代表的なアニメ制作ソフトはいずれも海外製のため、基本的なサポートは全て英語となります。また、日本国内での利用者もまだまだ限定的なため、インターネットやYouTubeなどで調べても、多くの情報を得ることができません。もちろん、日常的に英語圏の企業と取引をされているような方であれば問題はありませんが、そうでない限りは契約やサポート面でのいくつかの課題が生じます。

◎海外製ソフトを利用する際の問題点

◎契約、更新、支払い手続きを英語で行う必要がある
◎アップデートやメンテナンスの通知が全て英語
◎トラブルが生じた時の問い合わせを英語で行う必要がある
◎日本語のマニュアルやサポートコンテンツがない

この「言語の壁」が、日本国内でVYONDの活用が海外ほど広がっていない一因となっているように思います。ただ実際使ってみれば、それは大きな問題ではないことにすぐに気づきます。それだけVYONDは魅力的であり直感的なツールです。まずは本書を片手に一歩踏み出していただければと思います。

➕VYONDの正規代理店

VYONDの利用に際し**「言語の壁」を無くす方法**があります。それは国内の販売代理店経由で購入することです。

当社（SBモバイルサービス株式会社）経由で契約することにより、VYONDの開発元であるGo Animate ,Inc. から認定された正規代理店である株式会社ウェブデモによる日本語の各種サポートを受けることができます。具体的なサポート内容についてご紹介します。

◎①VYONDの購入・支払い代行および購入後の日本語サポート

VYONDへの各種問い合わせや質問を全て日本語（メール）で対応。また法人によるVYONDの契約を代行し、契約に関する見積り書、請求書※、納品書の発行、末締め振込み支払い等の手続きを行ってくれます。

※インボイス制度に対応しています。

◎②VYONDの最新情報、テクニック情報　特典コンテンツの提供

VYONDの毎月のアップデート情報や新たな機能を逐次ウェブサイトで解説。特に重要な情報や最新のユーザーガイド（PDF）などは、ウェブデモ契約者専用サイトにて提供されます。

◎ ウェブデモ社運営サイト「Anime Demo」

VYOND の準備

この章ではVYONDでアニメ動画を作成する環境を整えます。
パソコンの推奨スペックや無料で体験する方法から
本格利用のライセンス購入まで解説いたします。

VYONDはクラウドサーバーを活用したオンラインサービスです。また、パソコンに特殊な
アプリケーションをインストールする必要はなく、ブラウザ上で利用できます。

✚ PCの環境を整える

　VYONDはブラウザ上で操作するため、パソコン内にブラウザとインターネットに接続で
きる環境があれば、特定のパソコンに限定する必要はなくどの場所からでもアクセスして
操作できます。

　次の表の動作環境上でVYONDを操作することができます。

端末	WindowsPC	Mac
OS	Windows8.1 以上のOS	MacOS
メモリ	8GB 以上	
ブラウザ	Microsoft Edge、Google Chrome	
	Mozilla Firefox (version 42 or later)	
ネットワーク	インターネットに接続できる環境	

　Internet Explorer とSafariのブラウザ、並びにスマートフォン、iPad、andoroidタブ
レット等では稼働しません。

14日間無料で利用する方法

VYONDには、14日間無料でアニメ動画作成を体験できる体験版が用意されています。マニュアルを読んで学習するだけでなく、実際に操作してみるとVYONDの簡単さが実感できます。本書では、SBモバイルサービス（株）の申し込みページから体験版を登録する方法を紹介します（2024年2月現在）。

＋体験版のポイント

- ◎体験版は14日間無料で利用できる
- ◎機能は有料版とほぼ同等（利用不可機能は後述）
- ◎体験版から有料版へ自動的に更新されることはない
- ◎作成した動画は、有料版に移行した後も継続利用できる（18ヶ月間）
- ◎VYONDは基本的に英語版のツール。申し込みページから登録された方には日本語サポートのお役立ちメールを数回お送りします。
- ◎フリーアドレスなど一部登録できないメールアドレスがある

◎体験版で利用できない機能

14日間の無料体験版では一部利用できない機能があります。
代表的なものをご紹介します。

◎動画をダウンロードできない

作成した動画をVYOND作成ツール上でプレビュー再生することは可能ですが、ダウンロードして持ち出すことはできません。

◎VYONDロゴの常時表示

体験版のため、プレビュー再生すると中央部分に「VYONDロゴ」の透過文字が常に表示されています。

◎ **Propの一部が利用できない**

一部のProp（Common craftスタイル）が利用できません。

◎ **フォントの追加ができない**

VYOND既存フォントのみ利用できます。有料版では外部フォントをインポートして利用することができます。

◎ **BETA機能の一部が利用できない**

新機能として搭載の一部機能が利用できません。

✛申し込みの流れ

SBモバイルサービス（株）経由でVYOND体験版を申し込む場合は、日本語サポートのメールをお送りします。ここで登録したメールアドレスがVYONDのログインIDとなります。

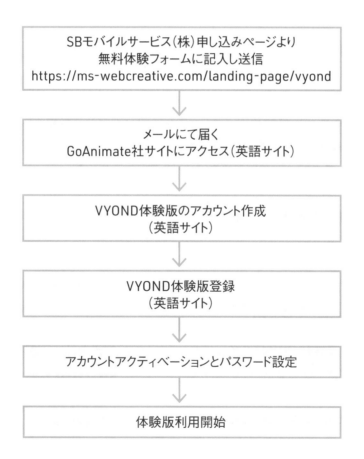

操作1 申し込みページへアクセスする

フォーム入力で今すぐ無料体験！

ご購入には、体験版登録確認済みのログインID(E-mailアドレス) が必要です。
契約をご希望の方は、まずは下記より無料トライアルの申請をお願いいたします。
後ほど、担当者よりご連絡いたします。

メールアドレス 必須

氏名 必須

ふりがな 必須

入力

VYONDを利用される方のメールアドレス（上記と異なる場合）

電話番号(半角数字とハイフン (-) で入力してください) 必須

SBモバイルサービス (株) のVYOND
申し込みページより、必要事項を
記入して申請します。
完了すると登録したアドレス宛に
メールが届きます。

操作2 GoAnimate社サイトにアクセスする

SBモバイルサービス " 【SBモバイルサービス】 VYOND無料体験 申請完了
と本登録のお知らせ" 外部 D 受信トレイ ×

SBモバイルサービス
To 自分 ▼

ご連絡いただきありがとうございます。

以下よりサービス利用の本登録を行なってください。
こちらの登録を持ってVYOND体験版の申込完了となります。
https://think.vyond.com/signup

クリック

■留意事項
・この体験版でのログイン方法がご契約時のログイン方法になり、途中で他のログイン方法へ変更することはできません。
・ご本人確認/Activate（アクティベート）から、14日間無料で体験できます（自動更新はありません）
・ログイン方法はEmailアドレスによるものとSSO（GoogleまたはOffice365アカウント）によるものがございます。

正式版購入方法等については追ってご連絡を差し上げます。しばらくお待ちください。

メールにて届くGoAnimate社の本
登録サイトにアクセスします。

操作3 メールアドレスでアカウント作成する

Try Vyond free for two weeks

G Sign up with Google

Sign up with Office 365

or

Sign Up With Your Email Address

クリック

No credit card required for free trial

米国GoAnimate社の「VYOND登
録画面」が表示されます。ここで
はメールアドレスでアカウント作成
する方法を紹介します。
[Sign Up With Your Email Address]
をクリックして、VYOND14日間無料
体験の登録に進みます。

体験版を登録する

Try Vyond free for two weeks

First Name * *

Last Name * *

Business Email * *

Company * * ——— 1. 入力

Japan ▼

☐ I agree to the **terms and conditions** & have read the **privacy policy**

☐ 私はロボットではありません
reCAPTCHA
プライバシー - 利用規約 ——— 2. クリック

Sign Up For Free ——— 3. クリック

必要事項を記入し、規約に同意して最下部の［Sign Up For Free］をクリックします。First Name/Last nameは半角英数字、Companyも半角英数字で入力か所属団体が無い場合は「None」「Private」等を入力します。

仮登録画面を確認する

Thank you for signing up.

Please check your inbox on a **desktop** for the activation email.

If you don't receive an email, you may already be signed up, so just **log in to Vyond** and get started.

Thank you for signing upの画面が表示されます。
また、数分後、登録したメールアドレス宛に認証用メールが届きます。

操作6 届いたメールを確認する

認証用メールが届いたら、[Activate Account] をクリックするとパスワード設定画面が表示されます。画面の流れに沿ってパスワード設定をします。

操作7 VYOND画面を確認する

パスワード設定が完了すると、VYOND作成画面（英語チュートリアル）が開きます。
これで体験版を使用する環境が整いました！次章以降で、さっそく動画作成を試してみましょう！

ライセンスを購入する方法

有料版を購入すると、前述した作成動画のダウンロードなど、便利な機能がフルに利用できる様になります。体験版を使ってみて、アニメ動画作成に本格的に取り組みたいと思った方は購入しましょう。

✚購入版のポイント

　本書では、SBモバイルサービス（株）並びにウェブデモ社経由での購入方法をご説明します。詳細は以下URLよりご確認ください（2024年2月現在）。

https://ms-webcreative.com/landing-page/vyond-license/

- ◎ ウェブデモ社が販売代理店となって米国 GoAnimate 社に支払う。
- ◎ 事前に「14日間無料体験版」でアカウント登録する必要がある。
- ◎ 体験版の14日を過ぎても購入可能。
- ◎ ライセンス購入は VYOND Professional(年間利用)プランとなる。
- ◎ 複数シートの購入が可能。シート（座席）とは作業エリアのこと。1つの契約の中で複数シートを購入すると複数人で共同作業する場合に効率的。
- ◎ 日本語で VYOND 操作方法や動画活用方法などをサポートしてもらえる。
- ◎ 見積書、請求書、領収書も発行してもらえるため、法人でもスムーズに契約が可能。

✚申し込みの流れ

VYONDのライセンス購入は海外の米国GoAnimate社より直接契約して購入することも可能ですが、全て英語での手続きになります。

SBモバイルサービス（株）並びに国内正規代理店であるウェブデモ社経由で購入することで、契約時だけでなく、サポートも日本語対応があるので購入後も安心であり本書ではおすすめしております。

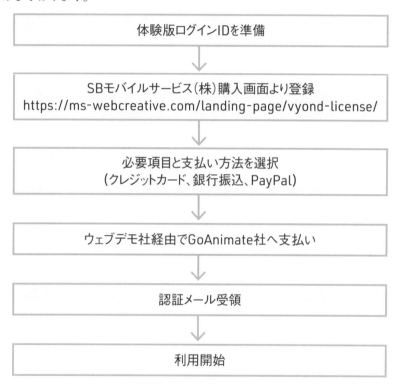

```
┌─────────────────────────────────────────┐
│           体験版ログインIDを準備            │
└─────────────────────────────────────────┘
                     ↓
┌─────────────────────────────────────────┐
│      SBモバイルサービス(株)購入画面より登録      │
│ https://ms-webcreative.com/landing-page/vyond-license/ │
└─────────────────────────────────────────┘
                     ↓
┌─────────────────────────────────────────┐
│          必要項目と支払い方法を選択           │
│   （クレジットカード、銀行振込、PayPal）       │
└─────────────────────────────────────────┘
                     ↓
┌─────────────────────────────────────────┐
│     ウェブデモ社経由でGoAnimate社へ支払い      │
└─────────────────────────────────────────┘
                     ↓
┌─────────────────────────────────────────┐
│               認証メール受領               │
└─────────────────────────────────────────┘
                     ↓
┌─────────────────────────────────────────┐
│                利用開始                   │
└─────────────────────────────────────────┘
```

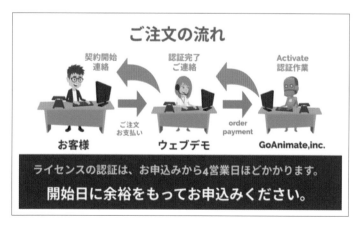

VYOND を始めよう

この章ではVYONDのログイン画面や編集画面の
様々なアイコンの機能について説明をします。
また、3つのスタイルのキャラクターやProp サンプルも紹介します。

Section 6-1 ログインしてみよう

事前準備が完了したのでさっそくログインしてみましょう。VYONDは直感で操作できるユーザーインターフェースです。また、オンラインサービスのため、インターネットに接続できる環境であれば場所を選びません。まずはログインしてみましょう。

＋ログイン方法

操作1 登録したメールアドレスを入力する

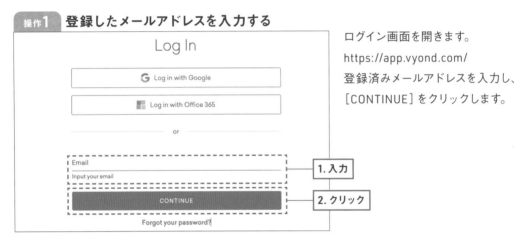

ログイン画面を開きます。
https://app.vyond.com/
登録済みメールアドレスを入力し、
[CONTINUE] をクリックします。

操作2 パスワードを入力する

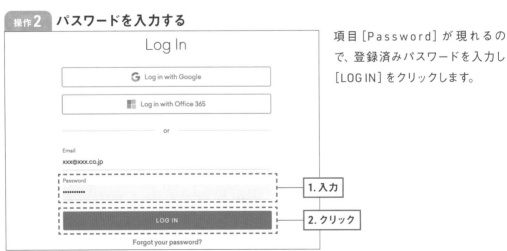

項目 [Password] が現れるので、登録済みパスワードを入力し [LOGIN] をクリックします。

操作3 ホーム画面を確認する

ログインするとVYONDホーム画面が表示されます。

　次節では、主要な画面について名称や機能を説明します。実際の操作を早く体験してみたい方は、次章の「アニメを作ってみよう」に先に進んで、手順通りに操作してみてください。

⚠ 注 意

　ログインに何度か失敗するなどセキュリティ的に問題を感知するとログイン時に2段階認証画面が表示される場合があります。

　この場合、登録済みのメールアドレスに届く6桁のワンタイム認証コードを入力して[VERIFY]をクリックすればログインが完了します。

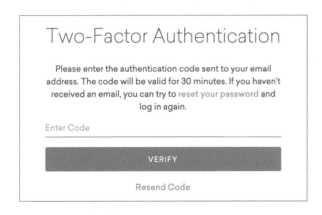

Section 6-2 画面の説明

この節では、主要な画面について、各部名称や機能を簡単に説明します。編集の全体像が把握できるので、今後編集作業を進めていく中で不安になった時は、この節を見直すことをおすすめします。

＋ホーム画面の説明

　ログインした時の最初の画面です。これ以降、ホーム画面と呼びます。ログインしたまま終了し、再起動した時もこの画面からスタートします。

　動画の新規作成は［+Create］をクリックして開始しますが、詳しくは第7章を参照してください。

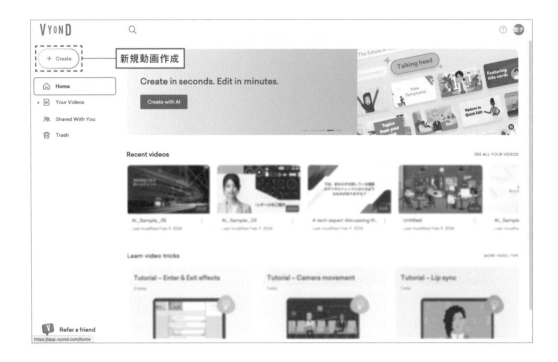

➕作業画面の説明

作業画面は、シーンという土台の上に様々な素材を配置して、動作をつける編集画面の事です。動画作成において、それぞれの機能を理解しましょう。

作業画面は大きく分けて「素材エリア」「機能エリア」「タイムラインエリア」の3つのエリアになります。

➕①素材エリア

素材を確定する重要なエリアです。

ボタン		説明
	Scenes	シーンの設定
	Prop	Prop(オブジェクト・素材)の設定

⚇	Character	キャラクターの設定
◔	Chart	棒グラフや円グラフなどのチャートの設定
T	Text	テキスト入力の設定
♫	Audio	BGM、効果音の設定
↑	Upload	画像、音楽ファイルのアップロード（インポート）
🄢	Shutterstock	Shutterstock サイトから画像利用が可能

＋②機能エリア

選択する素材によって表示される機能が変わります。

		機能	説明
素材選択時	⬒	Replace	素材の置換
	⚃	Action	キャラクターの動作設定
	☺	Expression	キャラクターの表情や向きの設定
	⚇	Dialog	キャラクター音声の設定
	→]	Enter Effect	登場効果。各素材がシーンに登場する動作設定
	⦅⦆	Motion Path	素材を移動、拡大 / 縮小の動作設定
	[→	Exit Effect	退場効果。各素材がシーンから退場する動作設定
	▦	Chart Data	グラフの値、項目、カラーの設定
	⚏	Chart Settings	グラフの詳細設定

素材選択時	Aa	Text Settings	フォント、文字サイズ、書式の設定
	■	Color	色の設定
	⋮	More	素材の位置、大きさ、傾きや反転の詳細設定
	⚙	Audio Settings	Audioの詳細設定
シーン選択時	⬚	Replace	シーンの置換
	🖼	Background	背景の設定
	▢	Color	背景色の設定
	→]	Scene Trasition	シーン切り替え時の効果設定
	▭	Camera	シーンズーム / パンなどの設定
	⚙	Scene Settings	シーンの長さの設定
ファイル操作	⚙	Video Settings	動画全体の音量、Scene Transition設定
	PREVIEW	Preview	編集中の動画のプレビュー再生
	SAVE	Saved	動画の保存
	⌁	Share	動画ファイルの共有
	↓	Download	ダウンロード機能（MP4、GIF）
	A文	Translate Video	動画の自動翻訳変換機能
	📝	Notes	動画全体のメモ機能
	?	Help	ヘルプ機能

➕③タイムラインエリア

タイムラインエリアでは、シーンの時間を設定できるだけでなく、各シーンに設定される素材の表示するタイミングの調整や動きの速度を設定することができます。

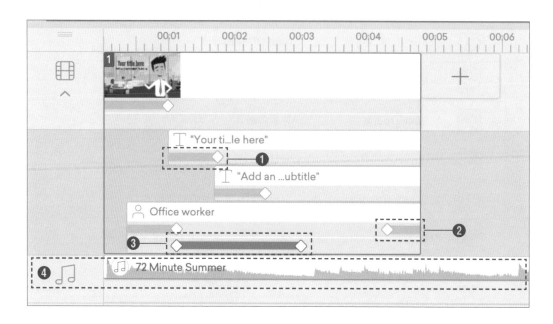

番号	説明
❶	Enter Effectを設定すると表示されます。長さを調整することで、Effectの変化の速度を変更できます。
❷	Exit Effectを設定すると表示されます。長さを調整することで、Effectの変化の速度を変更できます。
❸	Motion Pathを設定すると表示されます。開始地点、終了地点の設定、および長さ調整により動作の速度を変更できます。
❹	Audioやナレーションを設定すると表示されます。音量の波形を見て、Sceneやオブジェクトの動作タイミングを調整できます。

Section 6-3 3つのスタイル

VYONDでは大きく分けて3つの動画スタイルを用意しています。自分が作りたい動画が
どのスタイルにマッチするか検討して選んでください。素材のキャラクター /Prop/Text も
スタイル別にそれぞれ用意されていますが、混在して利用できます。

✚ スタイルの紹介

　それぞれのスタイルに特徴があり、作成する動画に最適なスタイルを選ぶことができま
す。また、どのスタイルを選んでも、動画の中で利用するキャラクターやオブジェクトは他
スタイルの素材も利用する事ができます。

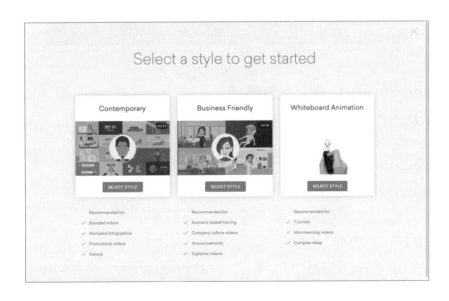

✚ スタイルの特徴：① Contemporary

概要やコンセプトを伝える動画として、全体のイメージを想像させる動画作成におすすめです。キャラクターやPropが比較的にシンプルなイラストのため、伝えたい情報を邪魔しないスタイルです。

◉ Contemporary に適した動画例

- ◎ 企業ブランドイメージ動画
- ◎ サービスイメージ動画
- ◎ プロモーションビデオ
- ◎ デモンストレーション

◉ テンプレートのサンプル

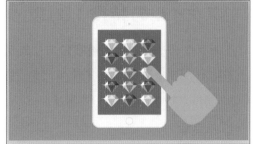

◉ キャラクター　サンプル

◉ Prop サンプル

✚ スタイルの特徴：② Business Friendly

　キャラクターの動作が豊富にあり表情も豊かなので、キャラクターの表情や動きを主に利用する動画におすすめです。サービス内容などを具体的に説明するのに、Contemporaryより適しています。

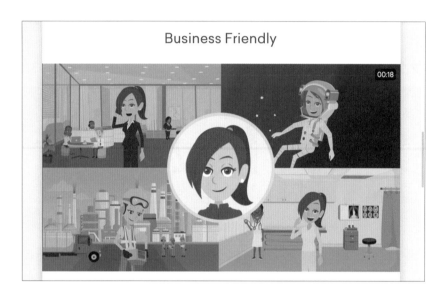

◉ Business Friendly に適した動画例

　　◎ サービス、商品解説動画

　　◎ 事例紹介

　　◎ お知らせ

　　◎ 実績報告動画

◉ テンプレートのサンプル

◉ キャラクター　サンプル

◉ Prop サンプル

＋スタイルの特徴：③ Whiteboard Animation

　ホワイトボードに直接マジックで書いているようなアニメーションです。手書きしているイメージがとてもインパクトのある動画です。

◉ Whiteboard Animation に適した動画例

　◎ 解説テキスト

　◎ 研修・学習動画

　◎ アイデアや考察を説明する動画

　◎ プレゼンテーション動画

◉ テンプレートのサンプル

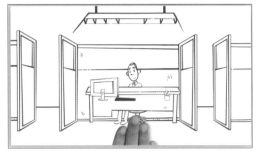

◉ キャラクター　サンプル

◉ Prop サンプル

アニメを作ってみよう

この章では実際にアニメーション動画作成を体験してもらいます。
基本的な操作がわかる簡単な基本操作編と
具体的な機能や編集のイメージがわく実践編の2種類を準備しています。

Section 7-1 アニメを作ってみよう（基本操作編）

VYOND体験版の準備が整ったので、さっそく試してみましょう。VYONDでは、様々な出来事がイメージできるテンプレートを多数用意しています。この節では、テンプレートをつなぎ合わせる基本的な操作方法を学びましょう。

＋テンプレート動画の完成イメージ

この節で作成する動画イメージを先に確認したい方は、以下URLよりアクセスすると視聴できます。

https://youtu.be/6jwGnWv32rQ

＋タイトルを作成する

タイトルは、視聴者を惹きつけるためにとても重要な要素です。手順に沿ってタイトルシーンを挿入し、更に文字を入力してみましょう。

操作1 新規で動画を作成する

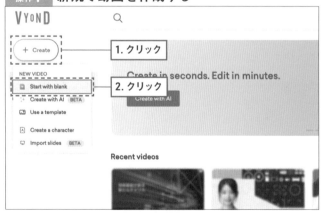

動画を新規作成します。
［+Create］→［Start with blank］
の順で選択します。

操作2　タイトルシーンを選択する①

動画の1枚目となるタイトルシーン
を選択します。まず［Scene］ 🎞
→VIEW ALL をクリックします。

操作3　タイトルシーンを選択する②

続いて［Whiteboard Animation］
🖐 →カテゴリ［Text］の順にク
リックして、左図のシーンを選択し
ます。

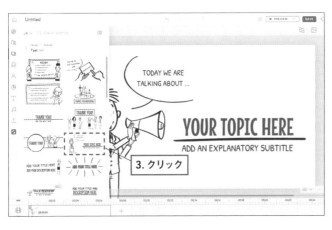

⚠ **注 意**

VYONDはオンラインサービスのため、お使いのネットワークの状況によっては、次の画面が表示されるまでに少し時間がかかる事があります。

操作4 **タイトルシーンを確認する**

操作画面下部のタイムラインエリアでシーンの再生時間を確認できます。このシーンでは7秒再生されることがわかります。

操作5 **タイトルを編集モードにする**

タイトルを編集してみましょう。赤字の「YOUR TOPIC HERE」を「旅行の1日」に変更します。まずは「YOUR TOPIC HERE」をダブルクリックして編集モードにします。

操作6 テキストを入力する

「旅行の1日」とテキスト入力します。これでタイトルは完成です。画面右上の［PREVIEW］ボタンをクリックして、どんな動画になるか確認してみましょう。確認後は［EXIT PREVIEW］で再生モードを解除します。

onepoint

再生完了後は［EXIT PREVIEW］をクリックすると再生モードが解除されます。また、再生中に停止したい場合も同様の操作となります。一時停止したい場合は、画面中央に表示される一時停止ボタンをクリックしてください。

操作7 動画を保存する

ここでファイルを保存しておきましょう。画面右上の SAVE をクリックします。ネットワーク環境の不具合でせっかく作成した動画が消えてしまわない様に、頻繁に上書き保存することをおすすめします。

✚ テンプレートをつなげる

複数のシーンをつなげてストーリーを作りましょう。テンプレートは「旅行、教育、ヘルスケア」などカテゴリごとに分類されて用意されています。ここではテンプレートを挿入する方法を説明します。

操作1　テンプレートを追加する

テンプレートを追加するには、タイムラインエリアの ＋ をクリックします。

3つの選択項目が表示されますが、ここでは［Choose Scene］を選択します。

ADD SCENE
Choose Scene ⌘Shift ← 2. クリック
Continue Last Scene ⌘
Add Blank Scene ⌘

1. クリック

🔘 onepoint

シーンを追加する場合、利用用途によって以下の3種類の追加方法があります。作成したいシーンに適した方法で追加しましょう。

選択項目	説明	利用用途
Choose Scene	事前に準備されたテンプレートを挿入	豊富なテンプレートを利用する事で、効率よく動画編集が出来る
Continue Last Scene	直前のシーンの最後の状態を挿入	直前のシーンから継続した動画を作成する事が出来る
Add Blank Scene	白紙のシーンを挿入	オリジナルの動画作成が出来る

操作2　テンプレートのカテゴリを選択する

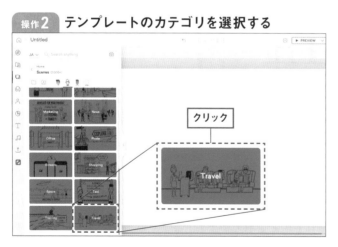

クリック

タイトル作成と同様に「Travel」のシーンを挿入します。先ほどの設定が残っているのでカテゴリ「Travel」を選択します。

上手く選択できない場合は 🔲 → VIEW ALL →［Whiteboard Animation］ 🔘 →カテゴリ「Travel」の順にクリックします。

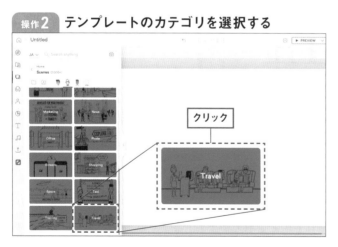

操作3 テンプレートを選択する

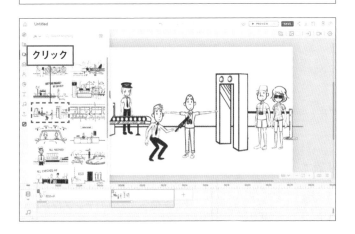

挿入したいテンプレートを探します。ここでは、図の飛行場でのボディーチェックのシーンを挿入したいので、図と同じイラストを見つけて選択してください。

クリック

操作4 [PREVIEW] で確認する

クリック

追加されたシート

2番目のシートが追加されました。タイムラインでも、タイトルシーンの次に追加されている事が確認できます。画面右上の [PREVIEW] ボタンをクリックすると、選択したシーン（2番目のシーン）が再生されます。
確認後は [EXIT PREVIEW] で再生モードを解除します。

🔆onepoint

キーワード検索でもテンプレートを追加できます。

　事前にテンプレート名を知っていると検索して早く対象のシーンを見つけることができます。本書では、検索キーワードを利用した操作が多数あるので、フル活用しましょう。

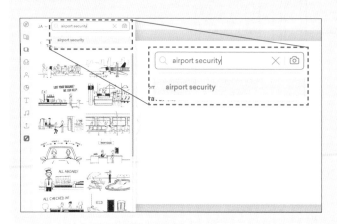

操作5　テンプレート追加を繰り返す

クリック

前述のonepointの「キーワード検索」を使って7つのテンプレートを追加します。

＋→［Choose Scene］を選択後に検索窓にキーワードを入力して対象のテンプレートを追加しましょう。

	シーンイメージ	カテゴリ	検索キーワード
1		Travel	airport

2		Travel	airplane
3	ALL CHECKED IN!	Travel	hotel
4		Travel	hotel
5		Shopping	shopping
6	RESTAURANT . BAR	Leisure	bar front
7		Travel	hotel

🔆 onepoint

　間違って異なるシーンを挿入してしまった時は、そのシーンを削除できます。タイムラインエリアで削除したいシーンを選択した状態で右クリックし、[Delete]をクリックすると削除できます。

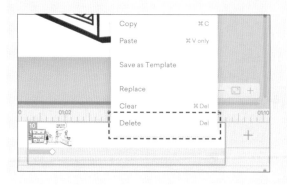

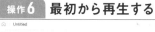

操作**6**　**最初から再生する**

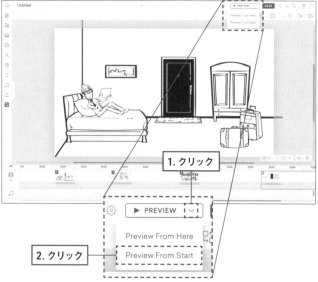

最後に[PREVIEW]ボタン右の ⌄ をクリックして[Preview From Start]で最初から再生してみましょう。
再生確認後は[EXIT PREVIEW]で再生モードを解除します。

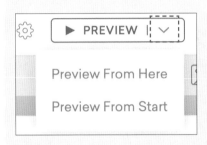

onepoint

プレビューは、ボタン右の ∨ をクリックすることで、2種類の再生を選ぶ事ができます。

項目	説明
Preview From Here	選択しているシーンから再生する
Preview From Start	動画の最初から再生する

✛BGM をつける

動画に音楽を入れる事で、更に視聴者を惹きつける動画となります。作成したシーンに動画を追加してみましょう。

操作1 シーンを選択する

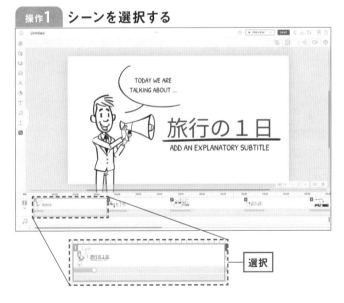

選択

BGMを挿入したいシーンを設定します。ここでは最初のシーンからBGMを設定したいので、タイムライン上で最初のタイトルシーンを選択した状態にします（選択したシーンはオレンジ色の枠で囲まれるので、どのシーンを選択しているか確認できます）。

操作2 BGMを設定する

次にBGMを追加しましょう。画面左側の［Audio］♪ を選択し、［Background Music］を選択します。続いて曲リストの中から「Happy Faces」を選択します。

左図が表示されない場合、検索ワードが設定されたままになっている可能性があります。その場合はワードを削除してください。

⚠ 注意

著作権の関係で、該当BGMが削除されている場合があります。見つからない場合は、任意の1分程度のBGMを選択して下さい。

操作3 ［PREVIEW］で確認する

挿入されたBGM

タイムラインのミュージック枠にBGM「Happy Faces」が挿入されました。では、［PREVIEW］で最初から最後まで再生してみましょう。これで1本の動画が完成しました。確認後は［EXIT PREVIEW］で再生モードを解除します。

＋ファイル名をつける

作成した動画一覧の中から、容易に目的の動画を見つけるために、事前にファイル名をつけておきます。新規作成時は全て［Untitled］になっているので変更します。

操作1 初期ファイル名を確認する

画面左上エリアＶＹＯＮＤロゴの右隣にファイル名が表示されています。新規作成時はデフォルトで「Untitled」がファイル名となります。

操作2 ファイル名を変更する

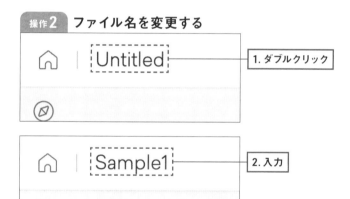

ファイル名をダブルクリックして編集モードにします。「Sample1」と入力し、ファイル名を設定しましょう。

ホーム画面で動画ファイルを再生する場合は、ファイル名またはサムネイルをクリックすると再生されます。また、編集は鉛筆アイコンを押すと編集画面に切り替わります。

✚ 書き出しをする

完成した動画をVYONDの画面以外で再生するには、ファイルを書き出す必要があります。ファイルフォーマットは「MP4、アニメーションGIF」です。ただし、体験版では書き出しする機能が付いていないため、ファイルを書き出したい場合はライセンスを購入する必要があります。

操作1　フォーマット一覧を表示する

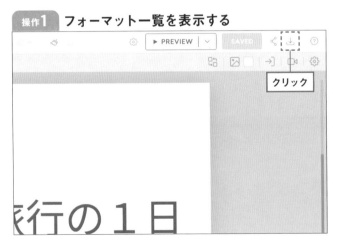

ファイルの書き出しは、編集画面、ホーム画面のいずれからでも行うことができます。

編集画面では画面右上の［download］🔽 をクリックすると、書き出すファイルのフォーマット一覧が表示されます。

フォーマットを確定する

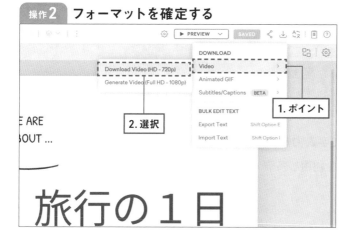

ファイルの書き出しフォーマットは2種類ですが、サイズを含めると以下の5種類があります。
目的に沿って最適なファイルをダウンロードしてください。

ファイルフォーマット	サイズ
MP4 HD	720p
MP4 Full HD	1080p
アニメ GIF ①	428 × 240px
アニメ GIF ②	640 × 360px
アニメ GIF ③	854 × 480px

Chapter
7

アニメを作ってみよう（実践編）

前節で、テンプレートの追加や文字入力などの基本的な操作について理解できたと思います。この節では、テンプレートを利用し多彩な機能を操作して、更に品質の高い動画を作成してみましょう。

＋動画の完成イメージ

この節で作成する動画イメージを先に確認したい方は、以下URLよりアクセスすると視聴できます。

https://youtu.be/RlnnE_3D70Q

＋Scene1：動画新規作成／タイトル作成

7-1の基本編と同様にタイトルを挿入します。フォントも変更してみましょう。

操作1 新規で動画を作成する

ホーム画面から動画を新規作成します。
［+Create］→［Start with blank］の順で選択します。

操作2　タイトルシーンを設定する①

動画の1枚目となるタイトルシーンを設定します。[Scene] 🎞 → VIEW ALL → [Contemporary] 👤 →カテゴリ[Title]の順にクリックします。

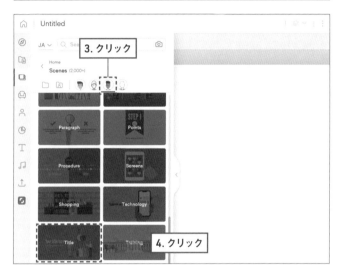

操作3　タイトルシーンを設定する②

続いて左図のシーンを選択します。キーワード検索する場合は「introduce」で検索します。
最後にテンプレート一覧を[閉じる] 〈 で閉じます。

⚠ 注　意

　VYONDはオンラインサービスのため、お使いのネットワークの状況によっては、次の画面が表示されるまでに少し時間がかかる事があります。

操作4　サブタイトルを削除する

テキスト入力枠が2つありますが、サブタイトル側は利用しないので削除してください。

操作5　テキストを編集する

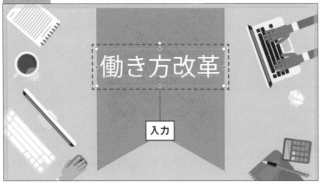

「Add a title」をダブルクリックして「働き方改革」に変更します。

操作6　フォントを変更する①

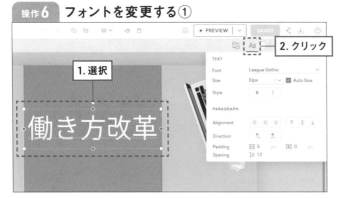

タイトルとしては字が細いので、フォントを変更します。テキストを選択した状態で［Text Settings］Aa をクリックすると、テキストの設定画面が開きます。

操作7 フォントを変更する②

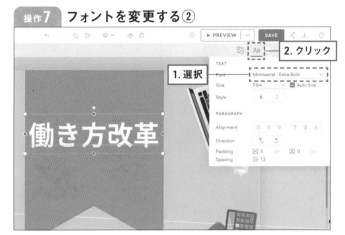

[Font] を [Montserrat-Extra Bold] に変更します。設定画面を閉じるため、再度 [Text Settings] Aa をクリックします。

設定画面の閉じ方は、どの機能でもほぼ同様に、該当機能のボタンをクリックします。

操作8 保存する

ここでファイルを保存しておきましょう。画面右上の SAVE をクリックします。ネットワーク環境の不具合でせっかく作成した動画が消えてしまわない様に、頻繁に上書き保存することをおすすめします。

＋Scene2：シーン切り替え効果／置き換え／背景変更

シーン切り替え時に効果をつける「Scene Transition（シーントランジション）」、キャラクターを置き換える「Replace（リプレース）」、背景を変更できる「Background（背景）」の機能を利用します。

操作1 テンプレートを追加する①

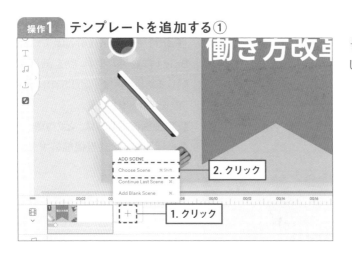

$+$ → [Choose Scene] をクリック
します。

操作2 テンプレートを追加する②

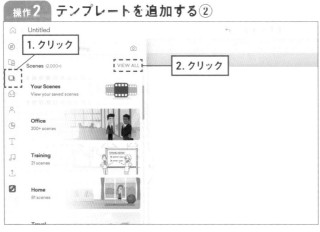

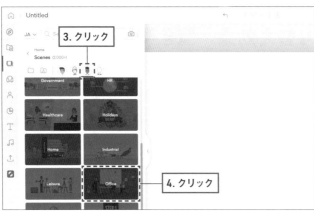

動画の1枚目となるタイトルシーン
を設定します。[Scene] 🎬 →
VIEW ALL →[Contemporary]
🎤 →カテゴリ [Office] の順にク
リックします。

操作3　テンプレートを追加する③

続いて、左図のシーンを選択します。手順通りに表示されない場合は、検索枠に以前のキーワード検索が設定されたままの可能性があります。「×」でキーワードを削除してください。

操作4　[Scene Transition] をクリックする

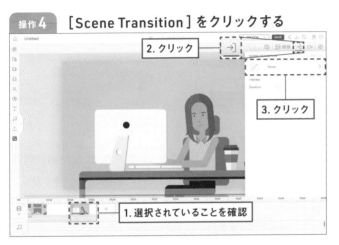

シーン切り替えの設定をします。タイムラインのシーン2を選択した状態で、画面右上の [Scene Transition] → をクリックし、[None] をクリックします。

Chapter 7

操作5 効果を設定する

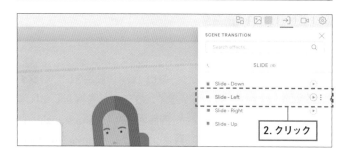

[Slide] → [Slide - Left] の順に選択します。これで設定が完了しました。

[Slide - Left] の効果は、「右から左へ」スライドしてシーンが登場します。

操作6 設定画面を閉じる

設定画面を閉じるため、再度 [Scene Transition] → をクリックします。[PREVIEW] すると、左へスライドして出現するのが確認できます。
確認後は [EXIT PREVIEW] で再生モードを解除します。

onepoint

[Scene Transition] を設定すると、対象のシーンが「前のシーンの続きの話題」なのか、「全く別の新たな話題」なのかが、理解しやすくなります。

[Scene Transition] の設定有無は、ボタンの色で確認できます。

未設定

設定済み

操作7 [Replace] をクリックする

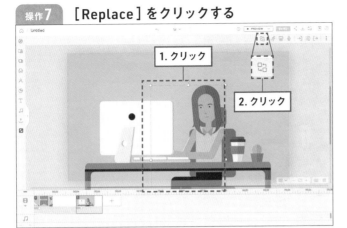

キャラクターを男性のビジネスマンに変更します。女性を選択し、画面右上の [Replace] 🔠 をクリックします。

操作8 キャラクターを選択する

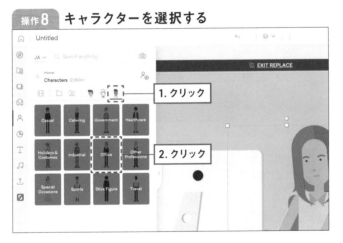

🧍 を選択後、[Office] をクリックし、該当の男性を選択するとキャラクターが入れ替わります。

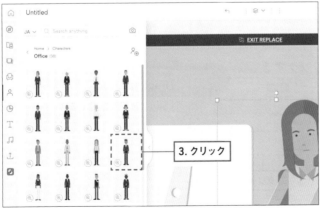

ここでは、メガネをかけた男性ビジネスマンを選択します。

操作9 設定画面を閉じる

最後に［閉じる］〈 をクリックして設定画面を閉じます。

操作10 背景設定を確認する

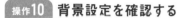

次に背景を変更します。画面右上のエリアが図の通りになっていない場合は、水色の背景をクリックするか、またはタイムラインのScene2を選択して、この図の配置になる事を確認してください。

操作11 ［Background］をクリックする

［Background］🖾 をクリックし、［Sky］をクリックします。

操作12 背景を設定する

を選択後、[Classic Locations]
→ [Home wall] の順に選択して
窓枠の背景を設定します。

背景名が [Home wall] の背景は
豊富にあります。左図と同じ背景
を見つけて選択して下さい。対象
の窓枠はリストの中央あたりにあ
ります。

操作13 設定画面を閉じる

最後に設定画面を閉じるため、再
度 [Background] 🖾 をクリックし
ます。
保存も頻繁に行いましょう。

✚Scene3：シーン継続／背景色変更／表情の変更

ここでは、仕事が多すぎて終わらず夕方になってしまい、男性が焦っているシーンを表現します。前シーンの続きからシーンを始める「Continue Last Scene」、背景色の「Color」、人物の表情を設定する「Expression」機能を利用します。

Continue Last Sceneの詳細はSection12-1を参照してください。

操作1 **Continue Last Scene を選択する**

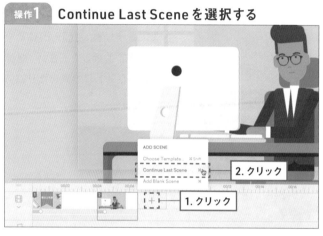

まずは、一つ前の「昼間に仕事をしていたシーン」の続きになるので、前シーンの「最後の状態」をコピーします。✚ → [Continue last scene]の順にクリックすると、3つ目のシーンが作成されます。

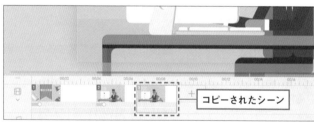

操作2　背景色を変更する

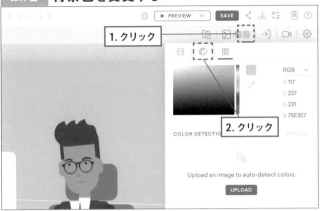

夕方を演出するため、背景色をオレンジ色に変更します。[true Color1] をクリックします。

次に [Palettes] を選択します。[オレンジ色] を選択します。必ずしもPalettesカラーを利用する必要はありません。

操作3　カラーパレットを閉じる

[true Color1] をクリックしてカラーパレットを閉じます。

操作4 [Expression] をクリックする

1. クリック

2. クリック

次に男性の表情を変更します。男性を選択し、[Expression] 😀 をクリックします。

操作5 表情を設定する

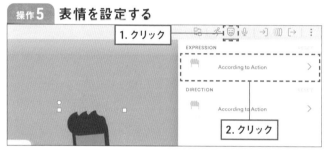

1. クリック

EXPRESSION

According to Action

DIRECTION

According to Action

2. クリック

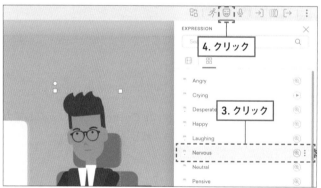

EXPRESSION

4. クリック

Angry
Crying
Desperate
Happy
Laughing
Nervous
Neutral
Pensive

3. クリック

[Expression] → [According to Action] → [Nervous] の順にクリックします。

男性の困った表情に変更できます。設定画面を閉じるために、再度 [Expression] 😀 をクリックします。

［Scene Transition］をクリックする

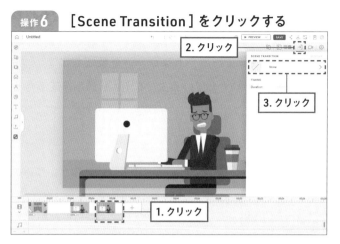

まず［Preview From Start］で、最初から再生してみてください。シーン2とシーン3の切り替わりに効果が入っていません。効果を設定しましょう。

タイムラインのシーン3を選択し、［Scene Transition］→［None］をクリックします。

操作7 効果を設定する

ここではシーンが徐々に切り替わるFade効果を設定します。
［Fade］→［Fade］の順にクリックします。

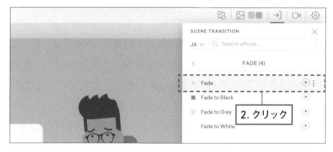

操作8 シーン再生時間を変更する

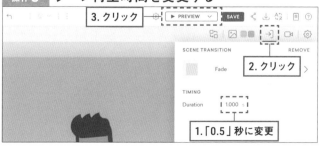

［Duration］を1秒から0.5秒に変更し、切り替わりの時間を短くします。
［Preview From Start］で再生して効果を確認します。

Chapter
7

✛Scene4：カメラ（パン）の設定

　ここでは、仕事が夜になっても終わらず、残業でヘトヘトなシーンを表現します。シーンの一部分を切り取って、まるで実際のカメラを動かしているようなイメージを作成できる「Camera」機能を利用します。

テンプレートを追加する

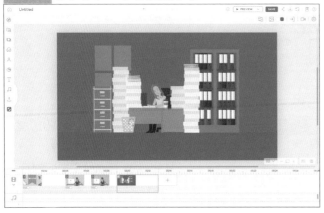

Scene2の手順で仕事が山積みのシーンを追加します。
スタイル：Contemporary 🖊
カテゴリ：Office
キーワード：at desk

［Replace］をクリックする

2. クリック

1. クリック

キャラクターを女性から男性に変更します。Scene2で説明したReplace機能の手順では、テンプレートの中からキャラクターを抽出しましたが、今回は、ここまでで作成した動画で利用されているキャラクター一覧から選択します。女性を選択し、［Replace］🔁 をクリックします。

操作3　対象のキャラクターを設定する

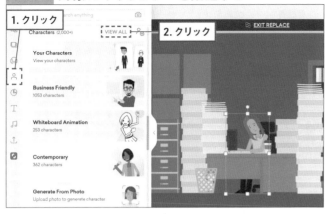

[Character] ○→VIEW ALL
→[Video Contents] ⊞ の順にク
リックし、今までのSceneで利用
したメガネの男性を選択します。
手順通りに表示されない場合は、
検索枠に以前のキーワード検索が
設定されたままの可能性がありま
す。「×」でキーワードを削除してく
ださい。

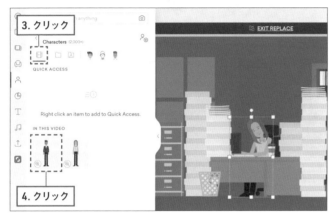

操作4　設定画面を閉じる

キャラクターが置き換わりました。
[閉じる] 〈 をクリックして設定画
面を閉じます。[Video Contents]
⊞ は本動画で利用中の素材が表
示されるので、同一人物を設定す
る際は効率的で便利です。

操作5 [Camera]をクリックする

疲労感を表現するため、画面を拡大固定し、フレーミングを右に移動（パン）する動画を作成します。まずはカメラを拡大固定します。[Camera] □◁ → [ADD CAMERA]をクリックします。

1. クリック

CAMERA
ADD CAMERA

2. クリック

操作6 カメラ枠を確認する

□◁ でカメラ枠が表示されます。このカメラ枠で囲まれた部分が実際の再生時に表示される映像になります。

Untitled
PREVIEW   SAVE
POSITION
Size
MOVEMENT?
ADD CAMERA MOVEMENT

カメラ枠

操作7 カメラ枠を調整する

図を参照し、同じぐらいの大きさにカメラ枠を設定してください。枠は □◁ の上にポインタを乗せて動かすと、形を変形しないで移動できます。
これで [PREVIEW] すると、アップした画面が再生されます。

CAMERA
Position
Size
MOVEMENT
ADD CAMERA MOVI

ドラッグ

操作 8 | 2つ目のカメラ枠を作成する

次にカメラを右へ移動させるアクションを設定します。[Camera] 🎥 → [ADD CAMERA MOVEMENT] をクリックします。

これで別のカメラ枠 🎥 が作成されます。

操作 9 | カメラ（パン）を設定する

🎥 枠を左図の様に 🎥 と同じ高さで少し右に設定します。

🎥 枠は 🎥 の上にポインタを乗せて動かすと、形を維持したまま移動できます。

[PREVIEW] で再生して確認してみましょう。

✚Scene5：カメラ（ズームイン）の設定

　ここでは、忙しすぎて途方に暮れて悩んでしまうシーンを表現します。前述のカメラモードの続きです。深刻なシーンをイメージさせたい場合には、「ズームイン」を利用すると効果的です。

操作1　テンプレートを追加する

Scene2の手順でテンプレートを追加します。
スタイル：Business Friendly 🐦
カテゴリ：Concepts
キーワード：desperate

操作2　キャラクターをReplaceする

キャラクターをReplaceします。Scene4の操作2～4を参考にしてください。
男性を選択し、［Replace］→［Video Contents］→メガネの男性を選択します。
Replace後の男性は、直立した標準ポーズになってしまいます。

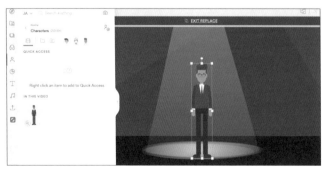

操作3　Actionのカテゴリを選択する

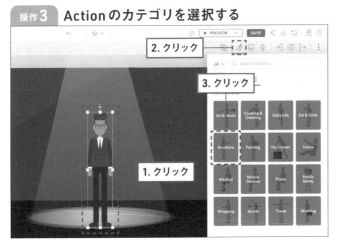

キャラクターにアクションをつけましょう。男性を選択し、[Action] 🏃 → [EMOTION]をクリックします。

操作4　Actionを設定する

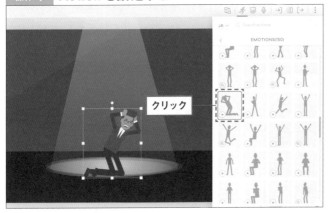

左図のアクションを探してクリックします。または、キーワード検索で「distressed」を検索します。

操作5　位置／大きさを変更する

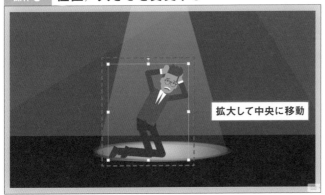

拡大して中央に移動

キャラクターのサイズが小さいので、少し大きくして顔の部分が中央に位置する様に移動します。
サイズや位置を数値で詳細設定できますが、ここでは手動で設定します。

操作6　カメラ枠を設定する

中心点

Scene4の操作5〜9の作成手順を参考に、固定カメラ  と移動カメラ  を作成します。図を参考にして、同じぐらいの枠の大きさになるよう設定してください。

2つのカメラの中心点を揃えると、中心にズームインする動画が作成できます。

操作7　シーンの長さを変更する

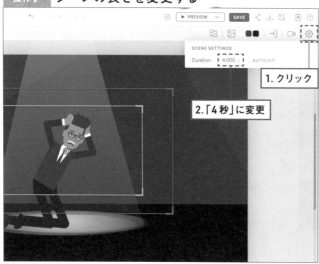

1. クリック

2.「4秒」に変更

最後にこのScene5の長さを調整します。[Scene Settings] ⚙ を選択し、Durationを「2.5秒」から「4秒」に変更します。ここまでの動画を[Preview From Start]で再生して、確認してみましょう。

＋Scene6：効果音の追加

　ここでは、何かアイデアを思いついたシーンを表現します。ひらめいた時の効果音を、[Sound Effects] 機能を利用して設定します。

操作1　テンプレートを追加する

Scene2の手順でテンプレートを追加します。
スタイル：Contemporary 🎤
カテゴリ：Concepts
キーワード：got an idea

⚠注　意

　テンプレートが見つからない場合は、直近で利用した [Business Friendly] 👤 になっている可能生があります。[Contemporary] 🎤 のシーンから選択してください。

操作2　[Action] をクリックする

人物に動きをつけましょう。第5章で説明したカテゴリから設定する方法もありますが、ここではキーワード検索から設定します。
男性を選択し、[Action] 🏃 をクリックします。

操作3 キーワード検索する

「inspiration」で検索し、▶付きのactionを選択してください。
▶はアニメーション、⊕は静止画となります。
次に「ピン！」ときたイメージを強調するため、効果音を設定します。

操作4 効果音を設定する①

シーン6を選択した状態で、画面左の［Audio］♪→［Sound Effects］をクリックします。

操作5　効果音を設定する②

クリック

[FX - Crystal] をクリックします。手順通りに表示されない場合は、検索枠に以前のキーワード検索が設定されたままの可能性があります。「×」でキーワードを削除してください。

操作6　タイミングを調整する

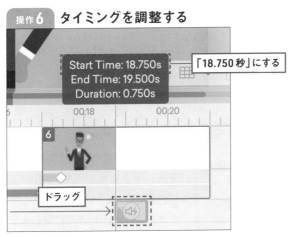

Start Time: 18.750s
End Time: 19.500s
Duration: 0.750s

「18.750秒」にする

6

ドラッグ

タイムラインでミュージックエリアにスピーカーアイコンの効果音が設定されていることを確認しましょう。

効果音は初期設定でシーンの先頭に配置されます。再生してみると少しタイミングが合っていないのがわかります。タイムライン上の効果音を、StartTime が「18.750秒」になるまで後ろにスライドします。最後に [PREVIEW] で確認してみましょう。

✚Scene7：テキストの書式と表示タイミングの設定

　ここから後半です。設定が複雑になってくるので、ここまでの動画を保存して一息入れてもよいかもしれません。動画はそれぞれの素材の表示タイミングを微調整するだけで、視聴者に注目させる事ができる場合があります。ここでは、各素材の出現するタイミングを調整する方法を説明します。

操作1　テンプレートを追加する

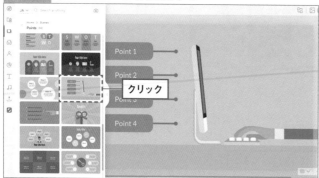

Scene2の手順でテンプレートを追加します。
スタイル：Contemporary 🖌
カテゴリ：Points
キーワード：point 4

操作2　文字を編集する

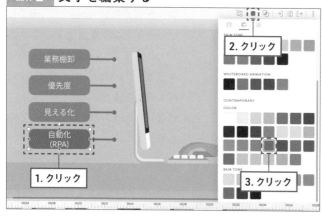

テキストをダブルクリックして、図の文言をそれぞれ「業務棚卸」「優先度」「見える化」「自動化（RPA）」に変更してください。
また、自動化（RPA）の背景色を赤色に変更します。
「自動化」のPropを選択し、[color1] ⬛ →「赤色」を選択します。

操作3 素材の表示タイミングを確認する

2.クリック

1.選択されている
ことを確認

枠

文字

接続線

[PREVIEW] で確認すると4つのポイントが順番に表示されます。最後の「自動化」は少し溜めてから表示したいと思います。まず、シーン7を選択した状態で、タイムラインの [ビデオ] ⊞ をクリックするとシーン7の各素材の詳細データが表示されます。下にスクロールすると表示される最後の3つのアイテムが、「自動化(RPA)」に関する「枠、文字、接続線」となります。

操作4 タイミング変更方法を確認する

Start Time

最後尾の3つのアイテムのStart Timeを、0.5秒ずつ後ろに遅らせます。
直接タイムライン上でドラッグする方法がありますが、ここでは設定画面を利用する方法を次の操作で紹介します。

7-2 アニメを作ってみよう（実践編）　135

タイミングを変更する

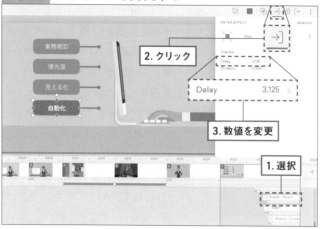

2. クリック

3. 数値を変更

1. 選択

時間を調整したいアイテムを選択し、[Enter Effect]をクリックします。設定画面の[Delay]を0.5秒遅らせます。以下表の通りに自動化関連の3つのアイテムの数値を変更してみましょう。

設定が完了したら、[ビデオ] ⊞ と[Enter Effect] → をクリックして詳細画面を閉じて、[PREVIEW]で確認しましょう。

アイテム	変更前	変更後
	3.125s	3.625s
自動化 (RPA)	3.292s	3.792s
	3.625s	4.125s

＋Scene8-1：オリジナルタイトルの作成

タイトルは様々なテンプレートが用意されていますが、ここではテキスト、Propの素材をミックスしてオリジナルのタイトルを作成します。

テンプレートを追加する

クリック

Scene2の手順でテンプレートを追加します。
スタイル：Contemporary 🧑
カテゴリ：Paragraph
キーワード：paragraph

操作2 | 背景を変更する

1. クリック
2. 入力
3. クリック
4. クリック

背景を変更します。
[Background] ⬚ → [NONE] を
クリックし、「Digits」で検索しま
す。続いて [Business Friendly]
👤 → [Digits] 背景を選択します。

操作3 | 背景色を変更する

1. クリック
2. クリック

背景色を変更します。⬚ より
[Contemporary カラー] の黄緑色
を選択します。

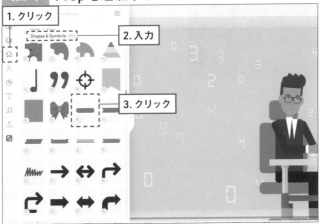

操作4 | Prop を追加する

1. クリック
2. 入力
3. クリック

オリジナルでタイトルを作成しま
す。[Prop] ⬚ をクリックして
「Shape&Symblols」で検索し、
[ribbon] を選択します。

操作5　Propの位置を設定する

Propの位置を左上に設定します。フリーハンドで設定しても構いませんが、ここでは数値で設定します。Propを選択した状態で ⋮ をクリックし、設定画面を開きます。ロックを解除して、図の数値通りに設定してください。

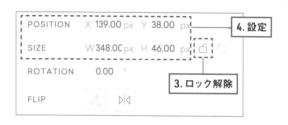

操作6　テキストを追加する

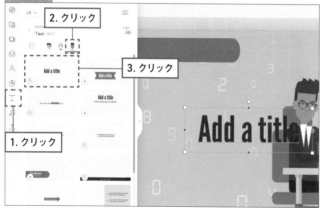

タイトルのテキストを作成します。[Text] T → ▮ をクリックし、[Title] を選択します。

操作7　テキストの位置を設定する

テキストの位置を左上に設定します。テキストを選択した状態で ⋮ をクリックし、設定画面を開きます。ロックを解除して、図の数値通りに設定してください。

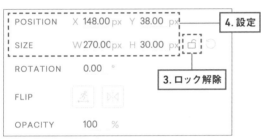

操作8　テキストの書式を設定する

次にテキストの書式設定を変更します。テキストを選択した状態で Aa をクリックし、設定画面を開きます。図の通りに設定してください。テキスト文字のカラーも、黒から白に変更してください。テキストを選択した状態で［color］■ →「白色」選択します。

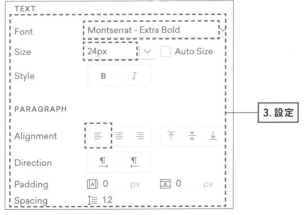

操作9 グループ化する

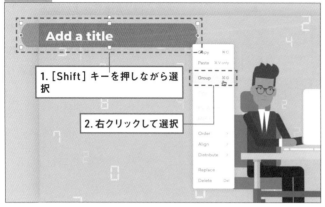

Add a title

1. [Shift] キーを押しながら選択

2. 右クリックして選択

次にテキストとPropを「グループ化」して、「Enter Effect」機能を設定します。

テキストを選択した状態で [Shift] キーを押しながら赤色のPropを選択すると、2つを選択した状態になります。

その状態のまま右クリックして [Group] を選択します。これで「グループ化」できました。

操作10 効果を設定する①

Add a title

1. クリック

2. クリック

3. クリック

次に、グループ化したタイトルにEnter Effect（出現効果）を設定します。テキストを選択した状態で [Enter Effect] → をクリックし、[None] をクリックします。

操作11 効果を設定する②

1. クリック

2. クリック

[Slide] → [Slide-Right] とクリックします。

操作12 タイトルを入力する

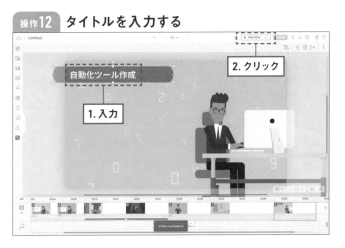

2. クリック

1. 入力

これで効果の設定が完了です。テキストに「自動化ツール作成」と入力します。[PREVIEW] で確認しましょう。

＋Scene8-2：モーションパス機能の設定

ここでは、自動化ツールを作成してロボットを稼働させるシーンを表現します。人物やPropを自由自在に動かす事ができる「Motion Path(モーションパス)」機能を利用します。

操作1 Propを追加する

追加したProp

Scene8-1操作4と同じ手順でモニターとロボット2台のPropを追加します。検索キーワードは表の通りです。大きさは図と同程度に作成してください。

Prop	検索キーワード
モニター	monitor
ロボット	robot

操作2 [Motion Path]をクリックする

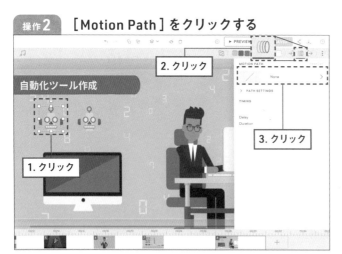

Propを自由に動かすことのできる
「Motion Path」機能を利用して、
ロボットをMonitorの中に移動さ
せます。
1つのロボットを選択した状態で
[Motion Path] （）をクリックし、
[None]をクリックします。

操作3 [Motion Path]を設定する

[LINE] → [LINE-Diagonal]の順
にクリックします。

操作4 ［PREVIEW］で確認する

これでロボットが右下に移動して
いく設定ができました。
［PREVIEW］で確認しましょう。

操作5 Propの重なり順を調整する

［PREVIEW］で確認すると、ロボッ
トがMonitorの背面に隠れてしま
う場合があります。その場合はロ
ボットとMonitorの前面背面の順
序を入れ替えます。
［Monitor］を選択して右クリック
し、［Order］→［Send To Back］と
クリックしてください。これで移動
先のロボットが前面に表示されま
す。

操作6 移動先を変更する

クリックしたまま動かす

移動前のロボットを選択すると、移動後の位置に半透明のロボットが表示されます。

Monitorの左側に移動する様に設定したいので、移動後のロボットの位置を修正します。

移動後のロボット上の白い矢印を左クリックしたままポインタをMonitorの画面左に移動させます。動作を[PREVIEW]で確認しましょう。

移動先が動く

操作7 移動開始タイミングを変更する

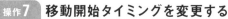

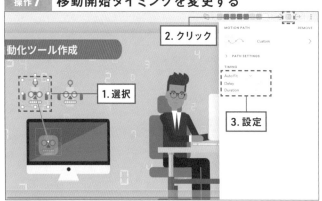

2. クリック

1. 選択

3. 設定

シーンの途中から動きだす設定に変更しましょう。対象のロボットを選択し[Motion Path]をクリックすると詳細画面が表示されます。以下の通り変更してください。

　Auto Fit → Custom

　Delay：0 → 1秒

　Duration：4秒 → 1秒

[PREVIEW]で確認しましょう。

同様に、もう1台のロボットも操作2からMotion Path機能を設定してください。

┿Scene9：Prop・テキストのコピー&ペースト

　このシーンでは、今まで利用した機能に加えて、基本的な「コピー&ペースト」によって
グループ化やエフェクトなどを引き継げることを確認します。

操作1　シーン／キャラクターを設定する

左のシーンを作成します。今まで利
用した機能を使って、以下表の操作
を実施してみましょう。

	項目	操作方法	手順参照先
1	シーンの追加	スタイル：Contemporary 🎤 カテゴリ：Office キーワード：boss office	Scene2 操作1〜2
2	シーントランジションの 設定	シーン9選択→［Scene Transition］→ → ［Circular Reveal］→［Blinds］→［Blinds-Vertical］	Scene2 操作3〜5
3	キャラクターの置き換え	［男性上司］選択→［Replace］→［Video Contents］ →［メガネの男性］を選択	Scene4 操作2〜4

操作2 コピー&ペーストする

1. コピー

2. ペーストして文字変更

前シーンと同じ形式でタイトルを表示したいので、前シーンのタイトルをコピーして貼り付けます。

「貼り付け」はショートカット
　Windows:[CTRL]+[V]
　Mac:[command]+[V]
を利用します。

続いてタイトル文字を「空いた時間で新企画提案」に変更します。

[PREVIEW]すると、前シーンのPropやエフェクトがそのままコピーして引き継がれている事が確認できます。

✚Scene10：Chart ／ Propの角度・サイズ変更

このシーンは、グラフにエフェクト効果のあるPropを追加します。Propの回転方法も説明します。

操作1 テンプレートを追加する

Scene2の手順でテンプレートを追加します。
スタイル：Contemporary 🎤
カテゴリ：Chart&Data
キーワード：bar chart

操作2 コピー＆ペーストする

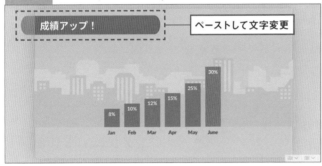

Scene9の操作2と同様に前シーンのタイトルをコピー＆ペーストします。
続いてタイトル文字を「成績アップ！」に変更します。

操作3 Propを追加する

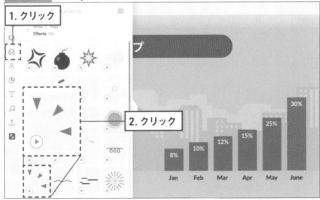

右端の棒グラフに新しいProp効果を追加して強調します。左図のイラストを探して設定しましょう。
［Prop］🛋 →カテゴリ［EFFECTS］→ ［Effect］の順にクリックします。またはキーワード「effect」で検索します。

操作 4　Prop を回転する

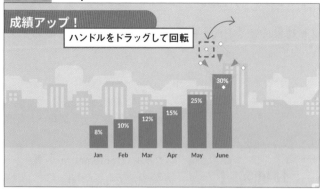

追加したEffectの位置、サイズ、角度を図の通り調整します。角度調整は、図の枠にある「○」の部分を選択すれば回転する事ができます。

操作 5　Propの効果を設定する

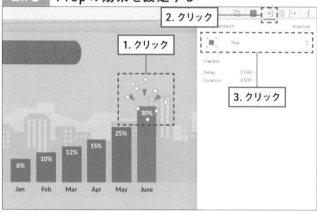

追加したPropに [Enter Effect] 機能を追加します。
追加したPropを選択し、[Enter Effect] →] → [None] → [Pop] → [Pop] の順にクリックします。

操作 6　出現タイミングを変更する

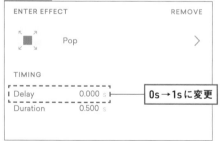

タイミング [Delay] も「0秒」から「1秒」に変更してください。

操作7　キャラクターを設定する

キャラクターを追加して、Action
やEffect機能も付けます。
今まで利用した機能を使って、以
下表の通り操作してみましょう。

	項目	操作方法	手順参照先
1	キャラクター追加	［character］ 👤 →［Video Contents］ ▦ → 同一人物の男性を選択	Scene4 操作2～4
2	キャラクター配置	図の位置、サイズ、角度に設定	Scene10 操作4
3	Action追加	［Action］ 🏃 →「thumb up」で検索→（笑顔 ＆動画）の人物選択	Scene5 操作3～4
4	Enter Effect追加	［キャラクター］選択→［Enter Effect］ →| ［Slide］→［Slide - Up］	Scene8-1 操作10～11
5	Enter Effectタイミング設定	［キャラクター］選択→［Enter Effect］ →| →Delay 0秒→1秒に変更	Scene7 操作5

✚Scene11・12：学んだ機能でシーン作成

いよいよ最後のシーンです。メンバーから賞賛されるシーンとエンディングシーンを設定します。基本的に、今まで学んだ機能で作成できます。

操作1 シーンを追加／設定する

新しいシーンの追加と効果を設定します。今まで利用した機能を使って、以下表の通り操作してみましょう。

	項目	操作方法	手順参照先
1	テンプレートの追加	スタイル：Contemporary 💡 カテゴリ：Concepts キーワード：success	Scene2 操作1〜2
2	シーントランジションの設定	シーン11選択→［Scene Transition］ → ［None］→［Split］→［Split-Vertical］	Scene2 操作3〜5

操作2 キャラクターを設定する

キャラクターを「グループ化」し手で出現させる効果を設定します。今まで利用した機能を使って、以下表の通り操作してみましょう。

	項目	操作方法	手順参照先
1	キャラクターの グループ化	左側のキャラクター3名を選択→右クリック→ [Group]。右側も同様にグループ化。	Scene8-1 操作9
2	グループに Enter Effect追加	グループ化された人物を選択→[Enter Effect] → [None]→[Hand Slide - Real Hand]→[Hand Slide - Real Hand -Up]	Scene8-1 操作10〜11
3	Enter Effect タイミング設定	グループ化された人物を選択→[Enter Effect] → →[Delay]を0秒から2秒に設定	Scene10 操作5〜6

操作3 最終シーンを追加する

クリック

Thank You

締めくくりのシーンです。

シーンを追加しましょう。

	項目	操作方法	手順参照先
1	シーンの追加	スタイル:Contemporary カテゴリ:Ending キーワード:ending	Scene2 操作1〜2

➕Scene全体：BGMの追加／ファイル名の設定

全シーンに対してBGMを設定しましょう。またファイル名も設定します。

操作1 **BGMを追加する**

最初の場面からBGMを追加したいので、最初のタイトルシーンを選択します。

[Audio] ♫ → [Background Music]の順にクリックし、曲「Fun Fun Fun」を選択します。

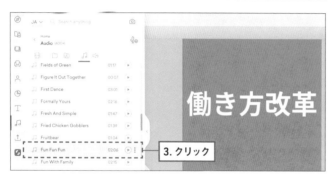

⚠ 注 意

著作権の関係で、該当BGMが削除されている場合があります。見つからない場合は、任意の1分程度のBGMを選択して下さい。

操作2　音量を調節する

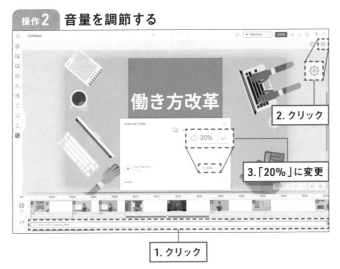

2. クリック

3.「20%」に変更

1. クリック

タイムラインエリアで、Musicが追加されているのが確認できます。オレンジ部分が多いと少しボリュームが大きいため、音量を変更します。

タイムライン上の曲を選択した状態で、右上の［Audio Settings］をクリックすると音量設定画面が表示されます。任意の音量に変更しましょう。

ここでは20%に設定します。

操作3　ファイル名を変更する

「働き方改革」に変更

最後にファイル名を変更します。「Untitled」を「働き方改革」に変更すると動画の完成です。

［PREVIEW］で動画全体を再生しましょう。

もちろん編集の都度、保存することも心がけましょう。

Chapter
7

Chapter

8

もっと詳しく知ろう
（キャラクター／ Prop ／ Chart 編）

この章ではキャラクター／ Prop ／ Chart の素材を利用した
アクションや編集など様々な機能を学びます。
第7章で体験した動作をもっと詳しく把握しましょう。

キャラクターについて

キャラクターはオフィス、カジュアル、スポーツなど2,500種類以上のテンプレートが用意されています。また、表情を変えたり動作を追加することでキャラクターに命を吹き込むことができ、より臨場感のある動画を作成できます。シーンにあったキャラクターを選んで魅力ある動画を作成しましょう。

＋いろいろなキャラクター

キャラクターは3つのスタイル「Business Friendly」「Whiteboard Animation」「Contemporary」それぞれに適したサンプルが豊富に用意されています。もちろん、3つのスタイルからキャラクターを混在させて利用する事も可能です。以下の表は一例です。

	Business Friendly	Whiteboard Animation	Contemporary
CASUAL カジュアル			
CATERING ケータリング			
GOVERNMENT 政府			
HEALTHCARE ヘルスケア			

HOLIDAYS & COSTUMES 休日コスチューム			
INDUSTRIAL 産業			
OFFICE 会社			
OTHER PROFESSONS その他職人			
SPECIAL OCCASIONS 特別な日			
SPORTS スポーツ			
TRAVEL 旅行			
STICK FIGURE 棒人形	—	—	

＋キャラクターを追加する

ここではキャラクターを追加する方法をご説明します。

まずは下記表の通りにテンプレートを準備してください（シート追加操作は第7章参照）。

スタイル	Business Friendly
カテゴリ	art
テンプレート名	Art museum

操作1　キャラクターを追加する①

操作画面左側の［Character］👤
をクリックします。

キャラクターを追加する②

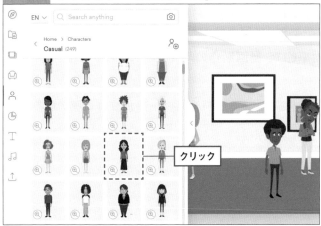

クリック

追加したいキャラクターを選択します。

ここでは、[Business Friendly] → [Casual] カテゴリの中の女性を選択します。

キャラクター一覧画面を閉じるには、[Character] 👤 を再度クリックするか、パソコンキーボードの [Esc] キーを押してください。

操作3 **キャラクター追加の完成**

追加されたキャラクター

女性が追加されました。

キャラクターに動作や表情を加える方法については、後ほど説明します。

Chapter
8

✚ キャラクターを置き換える「Replace」

既存のキャラクターを別のキャラクターに置き換えることができます。テンプレートのキャラクターを入れ替えて使うと効率的で、動画制作の時間短縮につながります。

まずは下記表の通りにテンプレートを準備してください（シート追加操作は第7章参照）。

スタイル	Business Friendly
カテゴリ	office title
テンプレート名	Office - Title

操作1　[Replace]をクリックする

変更する男性を選択し、[Replace] 🖭 をクリックします。

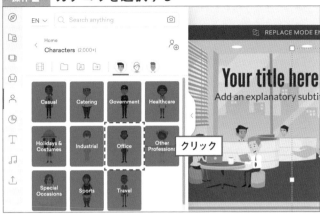

操作2　カテゴリを選択する

画面左にキャラクターのカテゴリ
が表示されます。
ここでは［Office］カテゴリを選択
します。

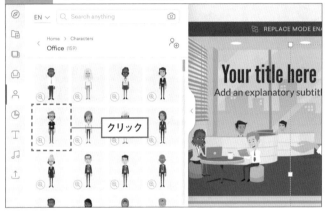

操作3　キャラクターを追加する

追加したいキャラクターを選択し
ます。
ここでは［Customer Service］の
男性を選択します。

Chapter
8

操作4　置き換わった事を確認する

キャラクターが入れ替わりました。

✛キャラクターに動きをつける「Action」

キャラクターには様々なアクションが準備されています。アクションもスタイルによって利用できる動作が異なります。

まずは下記表の通りにテンプレートを準備してください。

スタイル	Business Friendly
カテゴリ	Character 3
テンプレート名	LAYOUTS Character x 3

操作1 　[Action]をクリックする

2. クリック

1. クリック

変更したいキャラクターを選択して、操作画面右上の[Action] をクリックします。

操作 2 カテゴリを選択する

クリック

画面右にアクションカテゴリが表示されます。
動かしたいActionを選択します。
ここでは[POSES]を選択します。

操作 3 アクションを追加する

クリック

Presenting

具体的なActionが表示されます。
静止画 ⊕ と動きのある動画 ▶ の2種類があります。
ここでは動画 ▶ の[Presenting]を選択します。

操作 4 [PREVIEW]で確認する

クリック

キャラクターに動作が加わりました。動くActionを選択した場合は、[PREVIEW]をクリックするとキャラクターが動きます。

🔆 onepoint

　Actionを確定する前に動作を確認することができます。Action一覧で再生ボタンをクリックすると、各ActionのPREVIEW画面が表示されます。

　確定する場合は［APPLY］ボタンをクリックします。

　PREVIEW画面を非表示にする場合は［HIDE］をクリックします。

◉ Business Friendly の動作［アクション］の一例（約2,600種類）

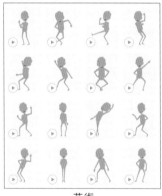

芸術

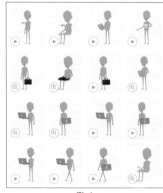

働く

ショッピング

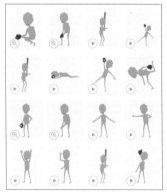

スポーツ

飲食

モバイル

アクションを自動で作成する機能「GENERATE ACTION」が追加されました。映像からAIによる生成機能でアクションが作成できます。

この機能はProfessional版、Enterprise版のContemporaryスタイルのみになります（体験版では使用できません）。

アップロードする動画の条件は以下の通りです。

・データ形式　MP4　100MB
・全身を撮影、正面から撮影する
・被写体は1名で
・映像の長さは10秒以内

✛キャラクターに表情をつける「Expression」

キャラクターの顔に表情を追加します。キャラクターに感情を持たせる事でシーンのイメージを伝えやすくします。

まずは下記表の通りにテンプレートを準備してください。

スタイル	Business Friendly
カテゴリ	heroes title
テンプレート名	SuperHeroes - Title

Before　　　　　　　　After

操作1 [Expression] をクリックする①

変更したいキャラクターを選択し、
[Expression] 😊 をクリックします。

操作2 [Expression] をクリックする②

画面右に表示される [EXPRESSION]
をクリックすると、顔の表情一覧
が表示されます。

操作3 表情を選択する

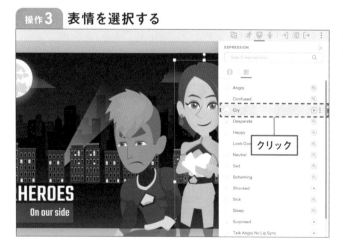

表情を選択します。
泣き顔の場合、[Cry] の再生ボタン
▶ をクリックします。

［PREVIEW］で確認する

表情をPREVIEW画面で確認できます。

確定する場合は［APPLY］をクリックします。

◉ 表情（Expression）の一例

Happy（喜ぶ）

Angry（怒る）

Cry（泣く）

Shock（残念）

Sleep（眠る）

Confused（困惑）

Scheming（企む）

Surprised（驚く）

Sick（病気）

Talk no Lip Sync
（口を動かす）

「Talk no Lip Sync」は口を動かして話す動作となります。実際の音声に合わせて口を動かす機能もあります（Section9-2参照）。

キャラクターの表情を削除したい時は、キャラクターを選択した状態で設定画面右上の［RESET］をクリックすると削除できます。

✚キャラクターの顔の向きを設定する「Direction」

キャラクターの顔の向きを左右またはカメラ目線に変更できます。顔をカメラ目線にすると視聴者に説明しているイメージになり、プレゼンテーション動画に適しています。

まずは下記表の通りにテンプレートを準備してください。

スタイル	Business Friendly
カテゴリ	influencer
テンプレート名	influencer video - Beauty

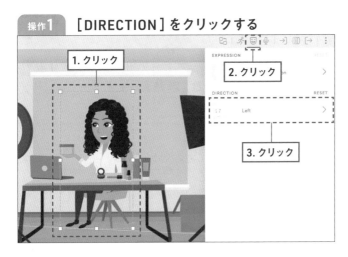

操作1 ［DIRECTION］をクリックする

1. クリック

2. クリック

3. クリック

前節の「キャラクターに表情をつける」と同様に、人物を選択し［Expression］😃 をクリックします。画面右に表示される［DIRECTION］をクリックします。

操作2 顔の向きを正面に設定する

クリック

顔を正面に向ける場合は、［Face Camera］をクリックします。

Chapter
8

操作3 顔の向き変更の完成

キャラクターの顔の向きが変更されました。
リセットしたい場合は［RESET］をクリックしてください。

✚キャラクターの体の向きを変更する「Flip Action／Mirror」

シーンによっては、左手で手を振りたいのに、Actionが右手しかない場合があります。そんな時に左右の動きを入れ替える機能です。この機能は2種類あります。

Flip Action	動作のみ左右対称の動きをする
Mirror	キャラクター全体を鏡の様に全て左右対称にする

操作1　Flip Ation ／ Mirrorを設定する

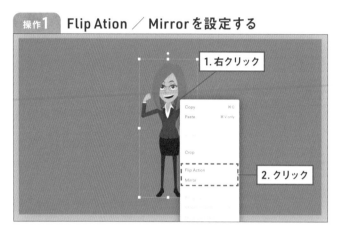

キャラクターを選択し右クリックします。

[Flip Action] または [Mirror] をクリックすると描画されます。

操作2　Flip Action ／ Mirrorの完成

[Flip Action] では女性の髪型や男性のシャツポケットなどの位置は変わらず、Actionのみが左右変更になります。一方、[Mirror] は全てが左右反転になります。前後のシーンで同一人物を利用する場合は [Flip Action] を利用しましょう。

╋キャラクターの作成（既存キャラクターの編集）

　既存のキャラクターを一部変更する事ができます。新規で最初からキャラクターを作るのは大変です。既存のキャラクターを編集して、効率よくキャラクターを作りましょう。

Before　　　After

操作1　編集モードを開く

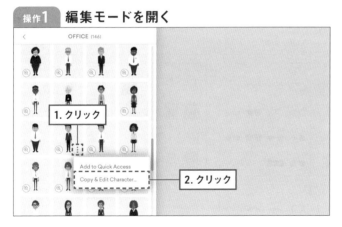

OFFICE (146)

1. クリック

Add to Quick Access
Copy & Edit Character...

2. クリック

キャラクターを追加する手順でキャラクター一覧を開き、変更したいキャラクターの右下の ⋮ をクリックして、[Copy & Edit Charcter …] を選択します。

操作2　一時保存する

Copy & Edit Character　×

You will now enter the Character Creator, changes
in this video will be saved automatically.

CANCEL　SAVE AND GO

クリック

[SAVE AND GO] をクリックします。

操作3 **各パーツを設定する**

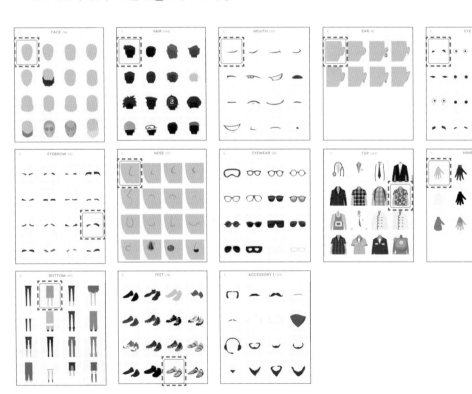

キャラクターの編集画面が表示されます。

① 顔 ② 上半身の服装 ③ 下半身の服装 ④ アクセサリーのツールがあり、詳細なパーツを設定する事ができます。

顔のパーツや服装が多数あるので、適した素材を選んでください。

ここでは、以下の通り選んでいます。

操作 4 　髪色、顔色を変更する

1. クリック

顔や髪、洋服の色を変更することもできます。それぞれのパーツ右のカラーアイコンをクリックして好みの色に変更します。

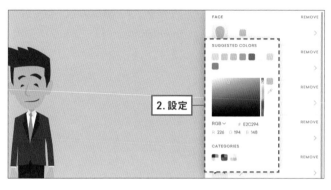

2. 設定

操作 5 　保存する

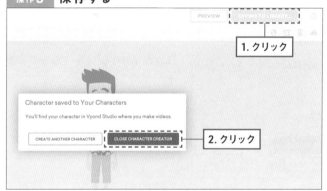

1. クリック

完成後、[SAVE TO LIBRARY] → [CLOSE CHARACTER CREATOR] をクリックします。

2. クリック

操作 6 　My Library を確認する

クリック

作成したキャラクターは [My Library] の中に格納されます。

✚キャラクターの作成（オリジナルキャラクターの作成）

　もしイメージしたキャラクターが無い場合は新規にキャラクターを作成することもできます。その場合、既存キャラクターの編集と同様に準備されたパーツを組み合わせて作ります。

操作1　キャラクターを新規作成する

キャラクター機能の［Create your own character］をクリックします。

操作2　一時保存する

［SAVE AND GO］をクリックします。

操作3 性別、容姿を設定する

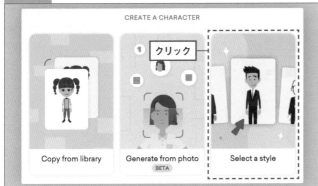

一から作成したい場合は［Select a style］を選択し、Style、性別、体型の順に作成したいタイプを選択します。

既存のキャラクターをカスタマイズしたい場合は［Copy from library］より作成できます。
（選択後の操作方法は前節の既存キャラクターの編集と同様）

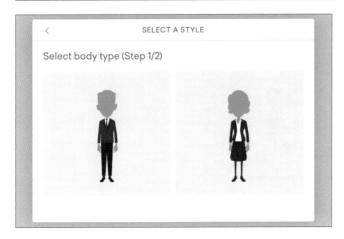

顔、服装などのパーツ選択画面が表示されます。操作方法は前述の「既存のキャラクター編集」と同じです。

＋キャラクターの作成（写真からのキャラクター作成）

実在する人物に似せたキャラクターを作りたい場合などには、写真を基にキャラクターを作成することができます。

前述の操作2の「一時保存する」までは同手順ですので、その続きからご説明します。

操作1 生成したいキャラクターの元の写真データを取り込む

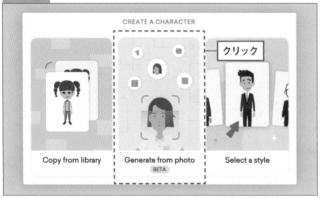

Generate from photo を選択します。

操作2 撮影または画像を選択する

クリック

ここに画像をドラッグアンドドロップ

クリック

[OPEN CAMERA] よりカメラを立ち上げて撮影、または、[Drag and drop an image here or browse files] より写真画像を選択します。

操作3 詳細パーツを設定する

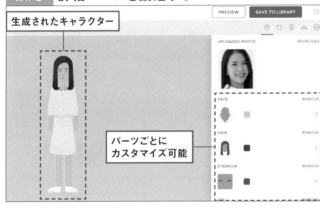

生成されたキャラクター

パーツごとにカスタマイズ可能

取り込んだ画像より自動でキャラクターが生成されます。ここから、パーツごとにカスタマイズも可能です。
以降の保存までの操作方法は前述の「既存キャラクターの編集」と同様です。

Chapter
8

Section
8-2　Propについて

Prop(プロップ)とは「小道具」の事で、普段目にする「家具や雑貨、乗り物、建物、機械」などの様々なオブジェクトがこれに当てはまります。Propは、キャラクターの様にAction機能をつけることはできませんが、一部のPropには独自のエフェクトが最初から設定されています。様々なPropを背景に設定して、視聴者にそのシーンのイメージが伝わりやすくしましょう。

➕ いろいろなPropの種類

　Propには17,000種類以上の小道具があります。犬が走ったり、ボールが回転したり、水が流れるなど動きのあるコンテンツもあります。

	Business Friendly	Whiteboard Animation	Contemporary
動物			
建築物			
装飾			
飲食			
家具			
ジェスチャー			

健康			
産業			
キッチン			
地図			
金銭			
自然			
オフィス			
リテール			
様々な形			
サイン			
スポーツ			
テクノロジー			
運搬			
旅行			

✚Propを追加する

操作1

［Prop］をクリックする

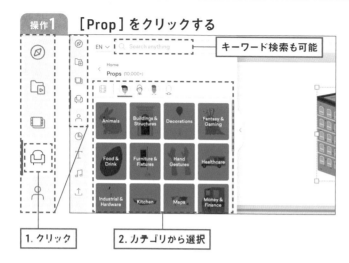

キーワード検索も可能

1. クリック

2. カテゴリから選択

Propの追加は、操作画面左側の［Prop］⌂ をクリックして行います。操作方法はキャラクターの追加操作と同じです（Section8-1参照）。カテゴリからPropを選択すると追加されます。もちろんキーワード検索も可能です。

✚Propの置き換え「Replace」と色変更

コーヒーカップをグラスに変更し、更にジュースの色も変更してみましょう。

まずは下記表の通りにテンプレートを準備してください（シート追加操作は第7章参照）。

スタイル	Contemporary
カテゴリ	desk
テンプレート名	At desk

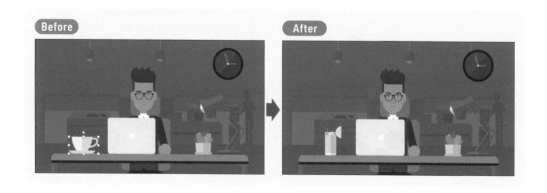

Before

After

操作1 [Replace]をクリックする

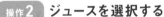

1. クリック

2. クリック

図のコーヒーカップを選択し、[Replace] 🔡 ボタンをクリックします。

操作2 ジュースを選択する

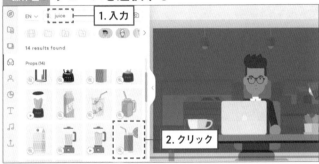

1. 入力

2. クリック

キーワード検索で「juice」と入力し、Prop一覧からグラスに入ったオレンジジュースを選択します。コーヒーカップからオレンジジュースに置き換わります。

操作3 ジュースを上方向に移動する

上へ移動

グラスの位置を少し上に移動します。ジュースを選択した状態で[shift]キーを押すと大きく移動します。次に上下キー[↑][↓]のみで微調整します。位置を指定する時に便利なので覚えておきましょう。

操作 4 ジュースの色を変更する

次に、オレンジジュースをマンゴージュースなど黄色いジュースに変更してみましょう。

ジュースを選択した状態で、操作画面右上の「色の設定」を利用して色を変更します。

以下の色に変更してください。

　・ジュース　：橙→黄
　・ストロー　：緑→赤
　・果実の皮：黄→白

操作 5 黄色ジュースの完成

これで黄色いジュースの完成です。

✚Propのマスク

マスク機能は、円や長方形などのPropの中にキャラクターや別のPropを埋め込む機能です。この機能を利用すると、円や長方形Propの外側にはみ出した部分を非表示にできます。

まずは下記表の通りにテンプレートを準備してください（シート追加操作は第7章参照）。

スタイル	Contemporary
カテゴリ	character 2
テンプレート名	Characters × 2

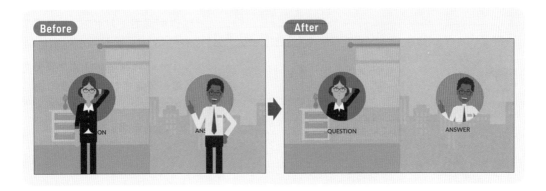

操作1 マスク設定済みを確認する

半透明で表示される

このテンプレートは既にマスク機能が使われています。キャラクターをダブルクリックしてみてください。円の外側にあるキャラクターの体の一部が半透明で表示されます。この部分がマスクされている事になります。

操作2 キャラクターを動かす

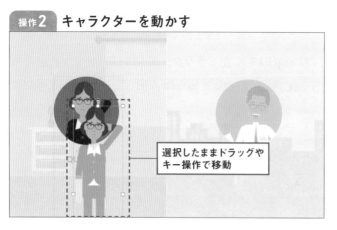

選択したままドラッグや
キー操作で移動

キャラクターを選択したまま上下左
右に動かすと、円の中のキャラク
ターを動かす事ができます。この様
にしてキャラクターをマスクしたい
部分を調整する事ができます。

操作3 キャラクターを変更する

2.各種設定を変更

1.選択していることを確認

キャラクターを選択した状態で
操作画面右上のボタンを利用す
ると、キャラクターのReplace、
Action、Expressionなどを変更す
る事が可能です。それぞれの機能
の説明は、8−1「キャラクターに
ついて」を参照してください。

操作4 マスク機能の見分け方

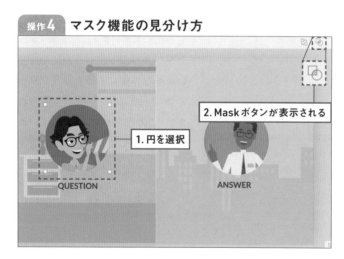

2.Maskボタンが表示される

1.円を選択

QUESTION

ANSWER

ただし、マスク機能は一部のProp
でしか利用できません。このテンプ
レートの場合、円を選択すると操
作画面右上に［Mask］が表示
されます。これは、マスク機能が付
随しているPropだという意味です。
このボタンが表示されないPropは
マスク機能を利用できません。

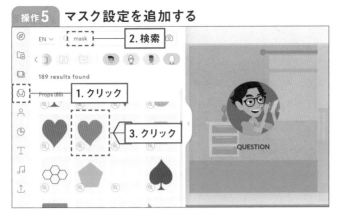

操作5 マスク設定を追加する

- 2. 検索
- 1. クリック
- 3. クリック

では、次に新規でマスク機能を使ったアニメーションを追加してみましょう。Propのキーワード検索で「mask」と入力すると、マスク機能を利用できるProp一覧が表示されます。今回はハート形Propを選択します。

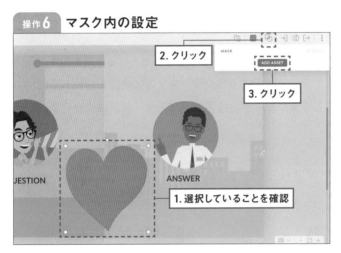

操作6 マスク内の設定

- 2. クリック
- 3. クリック
- 1. 選択していることを確認

ハート型Propを選択した状態で操作画面右上の[Mask]　をクリックします。次に[ADD ASSET]をクリックします。

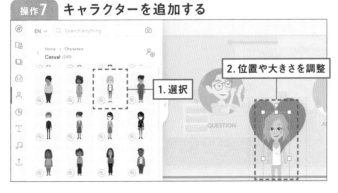

操作7 キャラクターを追加する

- 2. 位置や大きさを調整
- 1. 選択

埋め込むキャラクターやPropを選択します。拡大縮小や移動をして、描画したい部分がハートの中に表示されるように調整します。

操作 8 **マスク設定の完成**

これでマスク設定の完成です。マスク機能を応用すると、TVモニターやスマートフォンの中にキャラクターを入れて、その中でAction機能を使って動かしたり、免許証や会員証などの顔写真のイラストを埋め込むイメージなどにも利用できます。

🔵 onepoint

　マスク機能は複数のキャラクターやPropを挿入する事ができません。もし二人のキャラクターを埋め込みたい場合は、まずそれぞれのキャラクターをマスク機能を利用して個別に設定し、一方の透過率を0%にして重ねることで複数挿入するイメージに見せる事ができます。

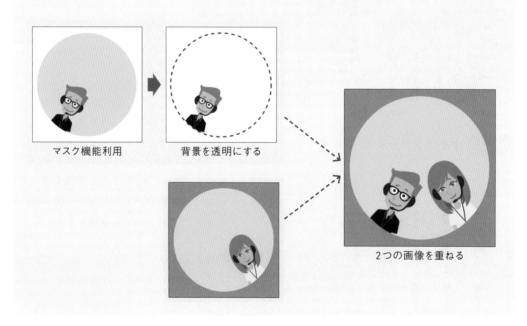

マスク機能利用　　　背景を透明にする

2つの画像を重ねる

✚ 複数Propの重なり順

　複数のPropやキャラクターが重なっている時、どれを一番前に表示したいかなど、立体的に見せる順番を決める必要があります。PowerPointなどに「最背面に移動」させたり「1つ背面に移動」する操作がありますが、VYONDでも同様の設定をする事ができます。

　まずは下記表の通りにテンプレートを準備してください。

スタイル	Contemporary
カテゴリ	sheep
テンプレート名	Shepherding

操作1　cow を追加する

追加したProp

まずPropで牛 (cow) を追加してみましょう。Propのキーワード検索で「cow」で検索すると見つけやすいです。追加した時点では最前面に牛が表示されます。牛を女性の背後に移動させたいですね。

操作2 重なり順設定方法を確認する

1. 右クリック

2. クリック

3. 順番を変更

牛を選択した状態で右クリックすると、[Order]から重なった部分の表示順を設定する事ができます。

機能説明とショートカットキーは以下の通りです。

操作		Mac版	Windows版
Bring To Front	最前面へ移動	⌘ [Shift][↑]	[Ctrl][Shift][↑]
Move Forward	一つ前面へ移動	⌘ [↑]	[Shift][↑]
Move Backward	一つ背面へ移動	⌘ [↓]	[Shift][↓]
Send to Back	最背面へ移動	⌘ [Shift][↓]	[Ctrl][Shift][↓]

操作3 別の設定方法を確認する

1. クリック

2. クリック

3. 順番を変更

重なり順を変更する別の方法としては、操作画面中央部の順序 ≋ ボタンをクリックして操作する方法もあります。

操作4 最背面に移動する

では、最背面に牛を移動してみましょう。[Send To Back]を選択すると配置している全てのイラストの最も後ろに移動します。このテンプレートの場合、木や家よりも後ろになってしまいます。[Bring To Front]を選択し、元の最前面に牛を戻してください。

操作5 一つ背面移動を繰り返す

1.「5回分」背面に移動

2.前面に表示される

次に[Move Backward]を5回利用して一つずつ背面に移動しましょう。ショートカットキーを利用すると便利です。操作の結果、羊の間に牛が入ります。

参考までに、このシーンの各素材の重なり順を表示します。

Chapter 8

✚Propのグループ化

　複数のキャラクターやPropを同時に移動させたり拡大縮小する時など、一つずつ操作していると大変です。そんな時は、対象のPropを複数選択したり、グループ化して作業することをおすすめします。

　まずは下記表の通りにテンプレートを準備してください。

スタイル	Business Friendly
カテゴリ	package
テンプレート名	Supermarket - inventory stor

Before　　　　　After

操作1　移動する素材を確認する

ここでは、シーンの中で荷物を運んでいる男性の位置を右側に移動させたいと思います。その場合、男性、台車、それぞれの荷物を別々で移動させると手間がかかります。また、移動前と全く同じ配置にするのは困難です。

操作2　複数選択する

グループ化する対象を
全て選択

そこで行うのがグループ化です。ま
ずグループ化したい対象物を選択
します。[Shift] キーを押しながら
対象物を連続して選択します。また
対象物をドラッグして範囲選択す
る事も可能です。
ここでは荷物、台車、男性を複数
選択します。

操作3　グループ化する

1. 右クリック

2. クリック

Copy　　　　　　　⌘C
Paste　　　　　　　⌘V only
Group　　　　　　　⌘G

Mirror
Bring To Front　　⌘Shift↑
Move Forward　　　⌘↑

複数選択した状態で右クリックし
[Group] を選択すると、グループ
化が完了します。

操作4　グループ化素材を移動する

まとめて扱える

これで仮想的に1つのオブジェクト
と見なされるため、移動や拡大縮
小が簡単にできます。
ここではグループ化した男性を右
へ移動しました。なお、女性は男
性の背後に隠れてしまうので左に
移動します。

操作5　グループを編集する

1. 右クリック

2. クリック

グループ化したまま一部のPropを編集する機能があります。グループ化したオブジェクトを選択し、右クリックで［Edit Group］を選択します。［Ungroup］はグループ化が解除になるので間違わないようにしましょう。

操作6　変更したいPropを選択する

選択

［Edit Group］の状態では、対象のグループ化したオブジェクト以外は半透明になります。
次にReplaceしたいパッケージのみを選択します。パッケージの4隅に四角点があれば正解です。

操作7　Replaceする

2. クリック

3. 置き換わる

1. クリック

別のpackageにReplaceすれば完了です。グループ化は、移動や拡大の時に便利なだけでなく、同じ素材を何度も利用する際などにもコピー＆ペーストで複製することができるのでとても便利です。

✚ Prop の Crop（切り取り）

Prop やキャラクターからある一部分のみを切り取る事ができる「トリミング機能」です。前述のマスク機能は「円や長方形をかぶせることで、一部を隠す」のに対し Crop 機能は「対象物の特定部分のみを四角形で切り出す」事ができます。

まずは下記表の通りにテンプレートを準備してください。

スタイル	Business Friendly
カテゴリ	pirate
テンプレート名	Pirate - Exploring

操作1 Prop を追加する

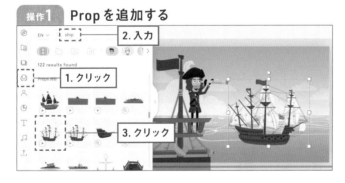

「ship」でキーワード検索して船の Prop を追加します。

操作2 [Crop] をクリックする

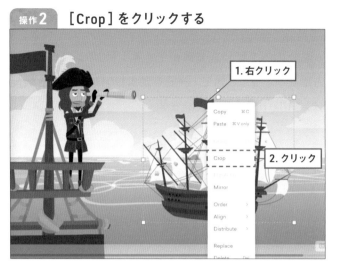

1. 右クリック

2. クリック

対象の船を選択した状態で右クリックして [Crop] を選択します。

操作3 回転とトリミング範囲を設定する

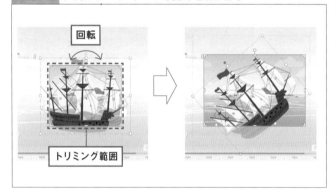

回転

トリミング範囲

Propの中に四角形の枠が表示されます。この四角形の中がトリミング範囲として切り取られます。まずは船を回転します。次にトリミング範囲を拡大して右側の図の様に船の上半身を切り出す様に調整します。

操作4 沈没する船の完成

船が沈没する光景が完成しました。この様にCropを設定することでPropやキャラクターの一部分を表示する事が出来ます。また、取り消しや変更したい場合は、右クリックして [Remove Crop] [Edit Crop] を利用すれば元の状態に戻ります。

➕ オリジナルPropを作る

　最適なPropが見つからない場合は、複数のPropを組み合わせてオリジナルPropを作りましょう。ここでは「かじったリンゴ」を作ってみます。

操作1 3種類のPropを準備する

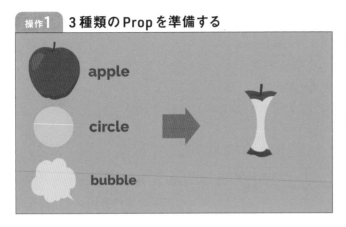

右側のイラストが完成形です。まずは左のパーツを準備します。「apple、circle、bubble」をそれぞれ、Propでキーワード検索して追加してください。

操作2 重なりを調整する

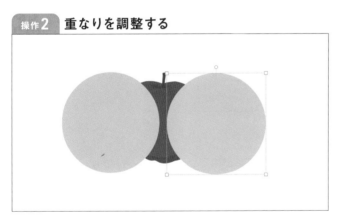

リンゴの両側に2つの円を配置します。リンゴと円の重なり順を調整する事で、リンゴの両側を切り取ったイメージにします。ただ、円のままだとカーブ曲線が急で上下のリンゴの残り方が大きくなります。

Chapter
8

操作3 円を変形する①

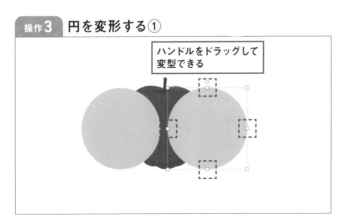

ハンドルをドラッグして変型できる

円を変形して楕円形にしてみましょう。円を選択した状態で[Shift]キーを押すと、正方形の辺の中心に四角点が表示されます。これをドラッグすると円が変形します。

操作4 | 円を変形する②

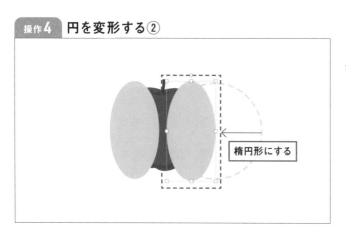

楕円形にする

円の縦横比を調整して、リンゴを細長く残すイメージを作ります。

操作5 | 吹き出しを追加する

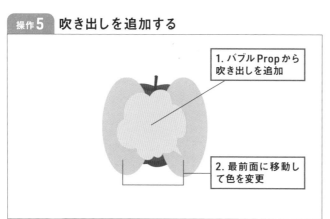

1. バブルPropから吹き出しを追加

2. 最前面に移動して色を変更

では次に「かじった」イメージを作ります。歯型のイメージはバブルPropにある吹き出しを利用します。色は少し黄色にしておきましょう。次に2つの楕円形を「最前面に移動」させて、色を「白色」にします。

操作6 | オリジナルPropの完成

どうでしょうか?リンゴを芯だけ残したイメージに見えませんか?こういった複数のPropを組み合わせる事で、オリジナルのPropを作成できます。

＋キーワードからPropを自動生成する

AIによるPropの自動生成、キーワードを入力するとAIによりPropが自動作成される機能が追加されました。

検索窓からキーワードを入力するだけでAIによる自動作成Propが［UPLOAD］メニューに表示されます。

操作1　キーワードを入力する

操作画面左側の検索メニューにキーワードを入力します。
ここでは、「sunset beach」と入力してみます。

操作2　自動生成ボタンをクリックする

検索するとメニュー画面下部に［GENERATE PROPS］と表示されるのでクリックします。

操作3　生成されたPropを追加、編集する

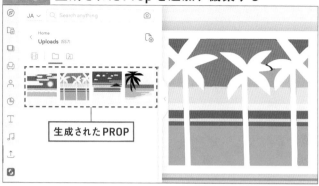

生成されたPROP

Propが4つずつ自動作成されます。作成後は色の変更も可能です。AIにより思いもよらない画像が生成でき、新しいイメージが作成できます。

＋Shutterstockの素材を利用する

　膨大な画像、映像をストック素材として提供する世界的な素材サービス「Shutterstock」の素材がVYOND ProfessionalとEnterpriseで活用できるようになりました。

　VYONDのエフェクト、モーションパス、トリミングはShutterstockの画像にも適用できます。

操作1　Shutterstockから検索する

左メニューからShutterstockのアイコン（一番下）をクリックします。基本的には検索を使い素材を抽出します。今回はタグから「Office」を選んでみます。

Chapter 8

操作2 **抽出画像から追加する**

Officeキーワードから映像、画像、サウンドが抽出されます。他のPropと同様にクリックして追加できます。画像は1シーンに複数配置できますが、VIDEO素材は1シーン（1スライド）に一つのみとなります。

＋外部素材を利用する

　自分が欲しいPropが見つからない場合、オリジナルPropの作成やShutterstockの活用をする他に「外部素材を利用する」方法もあります。ここでは、そのアップロード方法をご説明します。

操作1 **ファイルを準備する**

VYONDに取り込みたいファイルをPCに格納します。ここでは、サンプルとして「夜景の写真」を格納します。

操作2 アップロードする

操作画面左下の［Upload］⬆️ を
クリックします。

次にファイル追加ボタンをクリックし、PC内から取り込みたいファイルを選択します。

🔆 onepoint

取り込めるイメージファイルは下記の通りです。

ファイル形式	Image:jpg,png Vector graphic:svg
ファイルサイズ	Image/Audio:15Mバイト以下 Vector graphic:2Mバイト以下

操作3 アップロード完了を確認する

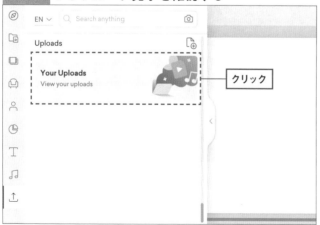

［Your Uploads］に格納されている事が確認できます。

アップロードされた外部素材は、VYONDのProp同様の扱いでEffect機能やMotion Path機能を利用することができます。

onepoint

ネット上にはフリー素材が多数あります。作成する動画のイメージに合う画像を見つけてご利用ください。ただし、著作権法に抵触していないか十分ご注意ください。

Shutterstock以外で筆者がよく使用しているサイトをご紹介します（2024年2月現在の情報です）。

iStock	https://www. istockphoto.com/jp	世界トップクラスの画像素材サイト。無料素材あり。約8,000万点。
Adobe Stock	https://stock.adobe. com/jp/	世界最大級の写真素材サイト。写真の他に動画、オーディオ、3D資材も利用可。無料素材あり。約3億点以上。
PIXTA	https://pixta.jp/	日本の画像・動画素材サイト。高品質な写真、イラスト・動画・音楽・効果音素材を安価に入手できる。無料素材あり。約8,200万点。

onepoint

外部素材で映像を取り込んだ際は、トリミングと音声調整が可能です。挿入する映像を選択すると「VIDEOPLAYBACK」アイコンが表示されます。VIDEOPLAYBACKのウィンドウで動画をプレビューし、再生バーをドラッグして開始時期、終了時期を調整します。

「SETTINGS」から音量のパーセントを変更します。「0％」は音量無しになります。

Section 8-3 Chart について

ここでは、Chart(グラフ)に関して説明します。円グラフ、棒グラフ、折れ線グラフなど一般的なグラフはもちろん、Propなどのイラストを利用して表現する方法もあります。また、それぞれのグラフにアニメーションが付いているので、印象に残るグラフを作成する事ができます。どんなタイプのグラフがあるか試してみましょう。

＋いろいろなグラフ

以下はグラフの種類の一例です。その他、テンプレートでも［Chart］カテゴリの中に様々なグラフのテンプレートが用意されているので、利用してみてください。

カウント

折れ線グラフ

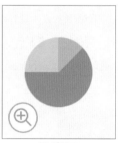
円グラフ

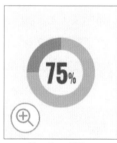
ドーナツグラフ

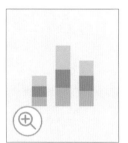
積み上げグラフ

Propグラフ1

レーダーチャート

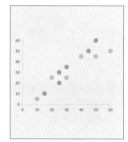
散布図

➕円グラフを作成する

円グラフを作成します。ここではテンプレートの流用ではなく、新規で追加作成してみましょう。

操作1 円グラフを追加する

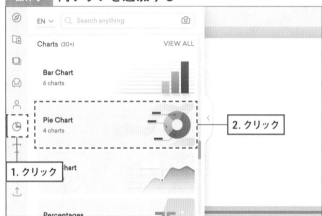

操作画面左側の［Chart］🕐 をクリックして、円グラフ［Pie Chart］を選択します。

操作2 編集画面を表示する

表示されたグラフを選択したまま操作画面右上の［Chart Data］⊞ をクリックすると、データの詳細が表示されます。

操作3 値／項目を変更する

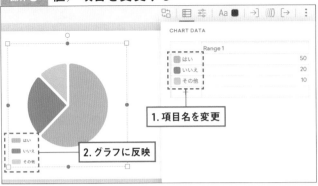

1. 項目名を変更

2. グラフに反映

次に項目名を「はい／いいえ／その他」に変更するとグラフにも反映されます。変更方法は表の項目をクリックして文字を入力します。

操作4 カラーを変更する

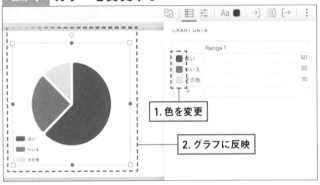

1. 色を変更

2. グラフに反映

次に色を変更するとグラフにも反映されます。変更方法は表の色をクリックするとパレットが表示されるので、設定したい色を選択します。

操作5 表示設定画面を表示する

2. クリック

1. 選択していることを確認

3. 設定画面が表示される

次に項目と数値の表示方法を設定します。表示されたグラフを選択したまま操作画面右上の［Chart Settings］ をクリックすると、設定画面が表示されます。

この画面でラベル表示の有無、表示位置、グラフの詳細デザイン等を設定できます。

アニメーションを確認する

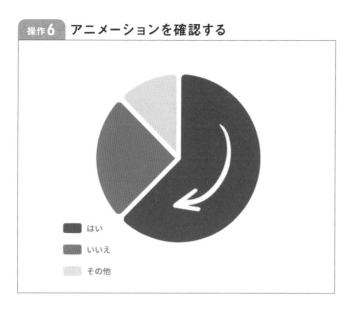

最後に [PREVIEW] をクリックして、アニメーションを確認しましょう。グラフが右回りに円を描いてアニメーション描画されます。このアニメーションは [Enter Effect] 機能の [Circular Reveal] を利用しています。

- はい
- いいえ
- その他

🔆 onepoint

アニメーションを削除したい場合は、グラフを選択したまま [Enter Effect] 機能を選択し、[Remove] をクリックすれば削除できます。

➕Prop グラフを作成する

Prop グラフは Prop のイラストを利用してボリュームを示す方法です。Prop の数でボリューム感を創出できるので、単純なグラフよりイメージを伝えやすくなります。見た目も華やかになるでしょう。

操作 1 Prop グラフを追加する

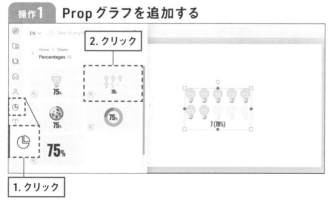

操作画面左側の[Chart] 🕐 をクリックして、[VIEW ALL]→[Percentages]→ [Prop counter] を選択します。

1. クリック

2. クリック

操作2 編集画面を表示する

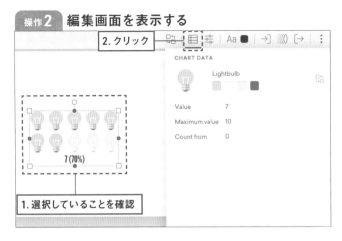

2. クリック

CHART DATA

Lightbulb

Value 7
Maximum value 10
Count from 0

1. 選択していることを確認

表示されたグラフを選択したまま操作画面右上の［Chart Data］⊞をクリックすると、データの詳細が表示されます。

● onepoint

この設定画面で以下の表示設定が可能です。

	表示
	色指定
Value	実数
Maximum value	最大値（母数）
Count from	アニメーション開始地点

操作3 カラーを変更する

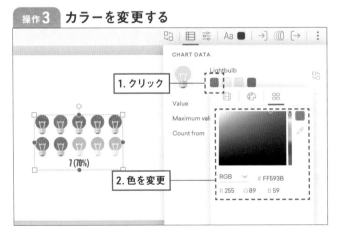

CHART DATA

Lightbulb

1. クリック

Value
Maximum val
Count from

RGB ∨ # FF593B
R 255 G 89 B 59

2. 色を変更

電球の色を変更してみましょう。パレットを利用して変更します。ここでは電球の色を黄色から赤色に変更します。

Chapter 8

◉ [Value] [Maximum value] について

次に [Chart Data] の [Value] [Maximum value] について説明します。下表を参照してください。

	設定内容	表示結果	説明
ケース1	CHART DATA Lightbulb Value　7 Maximum value　10 Count from　0	7 (70%)	「10のうち7」 70％となりイラストも7割分が赤。
ケース2	CHART DATA Lightbulb Value　5 Maximum value　10 Count from　0	5 (50%)	「10のうち5」 50％となりイラストも5割分が赤。
ケース3	CHART DATA Lightbulb Value　5 Maximum value　20 Count from　0	5 (25%)	「20のうち5」 25％となりイラストも25％分が赤。この場合電球イラストは10個のままです。20個表示する方法は後述します。

◉ [Count from] について

[Chart Data] の [Count from] は、アニメーションの開始地点を設定する機能です。[PREVIEW] をクリックしてグラフを動かしてみると一目瞭然です。デフォルトは「0」なので、点灯した電球が [Value] で設定した値まで徐々に増えるアニメーションです。逆に [Maximum value] と同じ値を設定すると点灯した電球が減っていくアニメーションになります。途中の数字も設定できるので、色々試して [PREVIEW] で確認してみましょう。

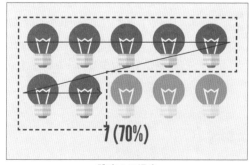

設定0の場合

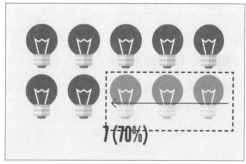

設定10の場合

＋Propグラフを置き換える

操作1 Propを変更する①

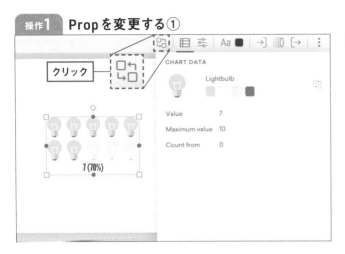

```
クリック
```

Propの上に表示されている
[Replace] でPropを電球か
ら他のPropに置き換える事がで
きます。

操作2 Propを変更する②

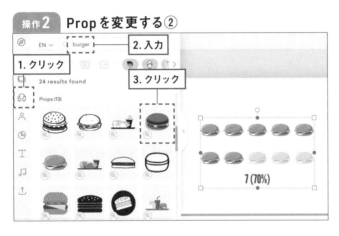

```
2. 入力
1. クリック
3. クリック
```

例えば電球をハンバーガーのProp
に置き換えるとこの様になります。
ハンバーガーは [Prop] をク
リックして「burger」でキーワード
検索すると見つかります。

操作3 設定画面を表示する

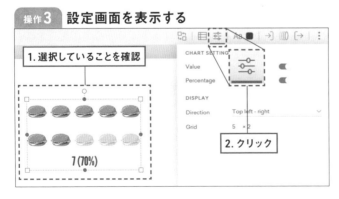

```
1. 選択していることを確認
2. クリック
```

次にグラフを選択した状態で操作
画面右上の [Chart Settings] をク
リックします。この画面では「数値
/パーセント表示」の設定と「Prop
の表示個数/並び順」を設定する
ことができます。

操作4 表示数を変更する

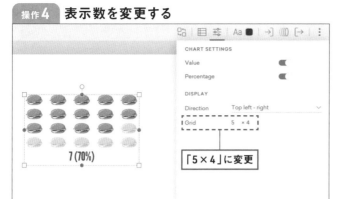

「5×4」に変更

Propを20個表示する場合は[Grid]を「5×2」から「5×4」に変更すると、図の様に20個のハンバーガーが表示されます。もちろん「4×5」「2×10」でも構いません。

操作5 表示順を変更する

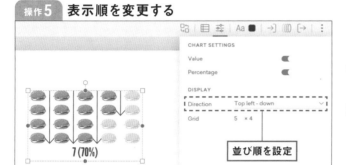

並び順を設定

[Direction]で並び順を変更できます。デフォルトは[Top left - right]で上から右方向に進みます。ここでは[Top left - down]に設定します。

Chapter
8

操作6 フォントを変更する

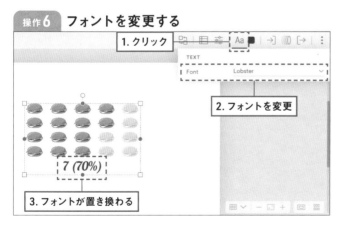

1. クリック

2. フォントを変更

3. フォントが置き換わる

テキスト Aa ボタンをクリックするとフォントを変更する事ができます。ここではフォントを[Lobster]に設定しました。ただ、現時点では細かな設定ができないので、通常の[Text]機能を利用するのも一つの手段です。
最後に[PREVIEW]で確認してみましょう。

ここで紹介した2種類以外のグラフやカウンターもそれぞれ面白いアニメーションが付いています。ぜひ試してみてください。カウンターとグラフを併記すると更にインパクトのあるグラフになるでしょう。

もっと詳しく知ろう
（テキスト／Audio／字幕編）

この章ではVYONDにテキストやBGMを追加する方法を学びます。
吹き出しや字幕のデザインから、キャラクターにナレーションを
喋らせる方法まで、詳しく解説いたします。

テキストについて

VYONDはアニメーション動画なので、「アニメーションで表現する＝テキストは入れすぎない」のが原則です。それでも、動画にテキストを追加したい、キャラクターに吹き出しで何か喋らせたいなど、様々なケースが発生します。この節ではVYONDの「テキスト」に関する事全般について説明します。

✛ VYONDのテキストについて

◉ 画面左側
赤枠が［Text］

◉ 画面右上

左が［Text Settings］、右が［color］

VYONDではテキストもテンプレート化されています。画面左側の［Text］をクリックすると、スタイル別に様々なテキストテンプレートが選択できます。また、テキストを選択後、画面右上の［Text Settings］をクリックするとフォントやサイズ、行間などが細かく設定でき、［color］では色の変更ができます。特にフォントの選び方や使い方次第で、動画の印象が左右されるので、使いこなせるようにしましょう。

◉ Text

スタイル別にテキストテンプレートが用意されています。基本的には動画のスタイルと同じスタイルを選ぶと収まりが良いですが、Contemporaryスタイルに Business Friendlyのテキストを合わせたり、Business Friendlyスタイルに Whiteboard Animationのテキストを合わせるといった事も自由にできます。

左下に ⊙ マークが付いているものは、最初からエフェクトが付いています。⊙ をクリックする事で、付いているエフェクトを確認可能です。もし「このテキストテンプレートを使いたいけれど、エフェクトはいらない / 他のエフェクトに変更したい」場合は、エフェクトの削除 / 変更が可能です。様々なスタイルのテンプレートを選択して色々試してみて下さい。

Business Friendly

Whiteboard Animation

Contemporary

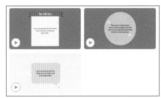

※2024年2月現在

◉ Text Settings

テキストを選択すると、画面右上に［Text Settings］が表示されます。［Text Settings］では下記表の設定ができます。ぜひ色々試してみましょう。

TEXT	❶	Font	フォント	フォントの変更
	❷	Size	サイズ	サイズの変更
	❸	Auto Size	オートサイズ	テキストボックスに合わせて文字サイズを自動調整
	❹	Style	スタイル	太字 / 斜体
PARAGRAPH	❺	Alignment	整列	左寄せ / 中央揃え / 右寄せ 上揃え / 上下中央揃え / 下揃え
	❻	Direction	方向	右横書き / 左横書き
	❼	Padding	パディング	文字の「左右」「上下」の余白設定
	❽	Spacing	行間	行間の設定

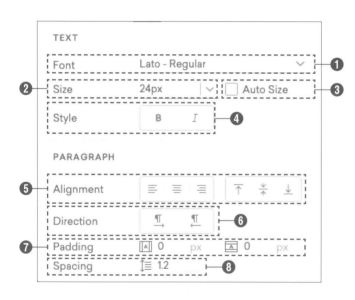

日本語フォントは、無料のフリーフォントなどをWEBで探して使用すると「こなれ感」が出るのでおすすめです（フォントのインポートに関して：P226）。また、[Auto Size] はテキストボックスの大きさに合わせて文字のサイズを自動調整してくれる機能です。非常に便利なので、ぜひ活用してみましょう（[Auto Size] 使用例：P99）。

◎ 既存フォント

2024年2月現在、64種類のフォントが最初から使えるようになっています。日本語にも対応していますが、ほとんどが英語ベースのフォントです。英語ベースのフォントでは、日本語と英語の太さや大きさが異なり、アンバランスな印象を与える事が多いため、フリーフォントのインストールをおすすめします。フォントの追加は非常に簡単なので、ぜひ挑戦してみましょう。

（※体験版ではフォント追加不可です）

◎ 既存フォント例

VYONDを学ぼう	VYONDを学ぼう
VYONDを学ぼう	VYONDを学ぼう
VYONDを学ぼう	VYONDを学ぼう
VYONDを学ぼう	VYONDを学ぼう
VYONDを学ぼう	VYONDを学ぼう
VYONDを学ぼう	VYONDを学ぼう

VYONDを学ぼう	VYONDを学ぼう
VYONDを学ぼう	VYONDを学ぼう
VYONDを学ぼう	VYONDを学ぼう
VYONDを学ぼう	VYONDを学ぼう
VYONDを学ぼう	VYONDを学ぼう
VYONDを学ぼう	VYONDを学ぼう

VYONDを学ぼう	VYONDを学ぼう
VYONDを学ぼう	VYONDを学ぼう
VYONDを学ぼう	VYONDを学ぼう
VYONDを学ぼう	VYONDを学ぼう
VYONDを学ぼう	VYONDを学ぼう
VYONDを学ぼう	VYONDを学ぼう

VYONDを学ぼう	VYONDを学ぼう
VYONDを学ぼう	VYONDを学ぼう
VYONDを学ぼう	VYONDを学ぼう
VYONDを学ぼう	VYONDを学ぼう
VYONDを学ぼう	VYONDを学ぼう
VYONDを学ぼう	

✚ テンプレートのテキストを変更する

　VYONDのテンプレートは種類が多い上、毎月新しいテンプレートが追加されるので、使いこなせると非常に便利です。テンプレートに最初から入っているサンプルテキストを変更して、自分だけのテンプレートにすることも簡単に出来ます。

　まずは下記表の通りにテンプレートを準備してください（シート追加操作は第7章参照）。

スタイル	Contemporary
カテゴリ	agenda
テンプレート名	Phase x 3（Before画像参照）

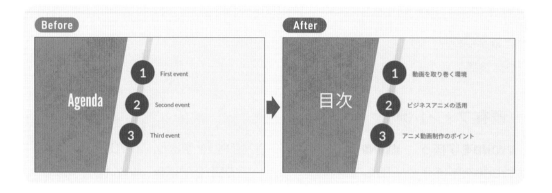

操作1 **テキストを選択する**

変更したいテキストを選択して、ダブルクリックします。

操作2 テキストを変更する（目次）

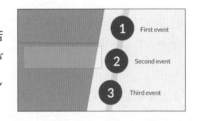

ダブルクリックするとテキストが変更可能になります。まずは「Agenda」を「目次」に変更してみましょう。

⚠ 注　意

テキストを変更する際、フォントによっては変換に若干時間がかかる場合があります。数秒~10数秒空白が発生しても焦らないでください。焦ってフォントを変更したりすると、更に待ち時間が長くなってしまいます。

操作3 テキストを変更する（項目）

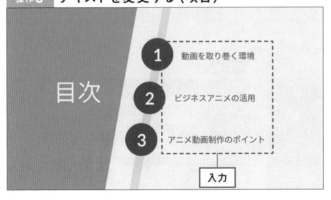

残りの文言も変更してみましょう。入力が終わったら、[SAVE] → [PREVIEW]で動きを確認すれば完成です。

⚠ 注　意

変更後の文字数の方が多い場合、この様に複数行になる場合がありますが、テキストボックスを横に広げるなど調整すれば解決します。

この手順では、文字フォント・色・サイズなどは特に変更していませんが、動画の内容や雰囲気に応じて変更した方が、より「こなれ感」が出ます。様々な動画を見て、良い、わかりやすいと感じた表現を真似してみましょう。

✚ 新たにテキストを挿入する

前述の通り、「アニメーションで表現する＝テキストは入れすぎない」のが原則ですが、タイトルをつけたい、文字で表したい、吹き出しを入れたいといったケースも発生します。ここでは、「キャラクターに吹き出しをつけて喋らせたい」場合の手順をお伝えします。吹き出しの形を変えて心の声にしてみたり、応用してSNSのメッセージ画面を制作したりと幅が広がりますので、色々試してみて下さい。

まずは下記表の通りにテンプレートを準備してください。

スタイル	Contemporary
カテゴリ	hotel
テンプレート名	Hotel - Reception（Before画像参照）

操作1 吹き出しを選択する

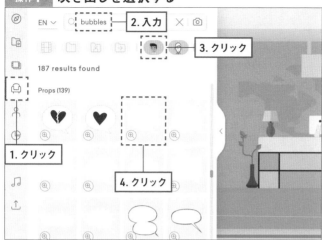

吹き出しを用意します。画面左側
[Prop] 🛋 をクリックして「bubbles」
と検索すると、スタイルごとに吹き
出しが表示されます。ここでは
[Contemporary] 🍸 スタイルの
吹き出しを選択します。

💡onepoint

　スタイルによってPropが変わります。吹き出しだけでも、スタイル別にこれだけ見た目
が変わります。ぜひ様々なスタイルのPropを組み合わせて、自分の思い通りの動画を制作
してみて下さい。

Business Friendly

Whiteboard Animation

Contemporary

Chapter
9

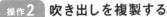 **吹き出しを複製する**

複製した吹き出し

吹き出しが2つ必要なので、操作
1で画面に追加した吹き出しをコ
ピー＆ペーストで複製します。

⚠ **注 意**

VYONDでコピー＆ペーストする時の注意点があります。コピー＆ペーストでショートカッ
トキーを使用し慣れている方は問題ないですが、VYONDでは右クリックして［Paste］を選
択しても貼り付ける事が出来ません（選択項目があるにも関わらず）。

ペーストする時は、必ず下記表のショートカットキーで実行して下さい。

	コピー	ペースト
Mac	［Command］+［C］	［Command］+［V］
Windows	［Ctrl］+［C］	［Ctrl］+［V］

操作3 **吹き出しの位置や向きを整える**

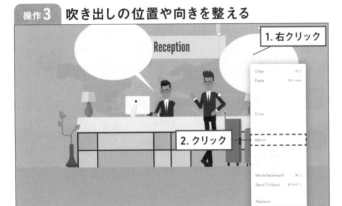

1. 右クリック

2. クリック

吹き出しを適当な位置に移動しま
しょう（ドラッグ or キーボードの
矢印）。
向きの変更は、対象の吹き出しを
右クリックして［Mirror］を選択す
れば可能です。

操作 4　吹き出しの形を整える

[Shift] キーを押
しながらドラッグ

吹き出しを選択した状態で
[Shift] キーを押しながらドラッグ
すると、形の変更が可能になりま
す。

操作 5　テキストテンプレートを選択する

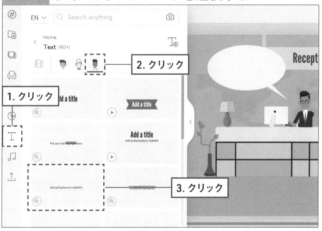

2. クリック

1. クリック

3. クリック

テキストを用意します。画面左側の
[Text] T をクリックして、吹き出
しに合いそうなテキストを選択し
ます。本書では、枠囲み部分のテ
キストテンプレートを選択していま
す。

操作 6　テキストを変更する①

予約していた白戸です

入力後、位置と大きさを調整

選択したテキストを「予約していた
●●（ご自分のお名前など）です」
に変更し、右側の男性の吹き出し
内に収まるように移動して、文字
の大きさを調整します。

Chapter
9

操作7 テキストを変更する②

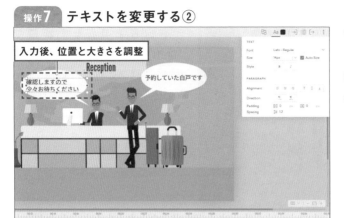

入力後、位置と大きさを調整

今度は受付の人のセリフを作成します。セリフは「確認しますので少々お待ちください」ですが、少し長めなので改行箇所に注意しましょう。

💡onepoint

[Text Settings] Aa 内の [Auto Size] にチェックを入れておくと、自動で文字サイズを変更してくれるので、非常に便利です。

操作8 グループ化する

1. 選択して右クリック

2. クリック

右の吹き出しとテキストを両方とも選択し、右クリックメニューの [Group] でグループ化します。左の吹き出しも同じようにグループ化します。グループ化する事で、エフェクトが付けやすくなります。

Chapter 9

⚠ 注 意

　既にエフェクトがついている吹き出しやテキストテンプレートを使用している場合は、グループ化をする前に、**必ずエフェクトを外しておいて下さい。**外さずにグループ化すると、グループ化した後にエフェクトやモーションパスが一切付けられなくなります。よく起きるトラブルなので、注意してください。

エフェクトを外さずにグループ化した場合です。
アイコンがグレーアウトして、選択が出来ない状態となっています。

💡 onepoint

　今回の様に吹き出しとテキストをバラバラに作成する方法では、グループ化が面倒に感じる方もいるかもしれません。そんな時は「mask機能」が使える吹き出しを選び、テキストを [Mask] 🔲 内の [ADD ASSET] で追加すれば、グループ化する手間が省けます。少し上級のテクニックですが、作業の効率が上がります。

操作9 **Enter Effect を追加する**

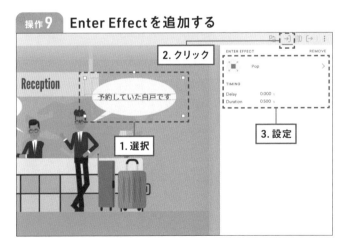

それぞれの吹き出しに [Enter Effect] → を追加します。エフェクトや秒数に関しては、個人のセンスですが、本書では下記の設定にしています。

Enter Effect	Pop
Duration（時間）	0.500 秒

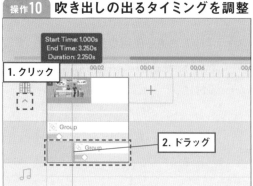

Start Time: 1.000s
End Time: 3.250s
Duration: 2.250s

1. クリック

Group

Group

2. ドラッグ

画面下部左端にある ∨ アイコンをクリックすると、タイムラインが開きます（開くとアイコンの形が変わります）。

右の吹き出しが出てから左の吹き出しを出したいので、左の吹き出しの出現タイミングを、右の吹き出しよりも後ろにずらします。

　右の吹き出し：動画開始と同時
　左の吹き出し：動画開始1秒後

となる様に、対象のボックスをドラッグして変更します。

最後に［SAVE］→［PREVIEW］で動きを確認して完成です。

🔆 onepoint

吹き出しの中のテキストは「出来るだけ短めに」がポイントです。長すぎると文字だらけで読む気にならず、全体のテンポも悪くなってしまいます。

🔆 onepoint

吹き出しなど、グループ化されているオブジェクトを編集する時は、グループ選択後［Edit Group］を使えば編集が効率よく行えます。

これは素晴らしい
アイディアだ

Replace

Copy　⌘C

Paste　⌘V only

Ungroup　⌘G

Edit Group

✚テキストのサイズ・色・フォントを変更する

　ここではテキストの色やサイズ、フォントを変更した時のイメージの違いについてお伝えします。

　この項目については正直「勉強あるのみ」です。YouTubeやGoogleなどで「デザイン配色」や「design color」などと検索して、色々な動画やページを見ることで、だんだんコツが掴めてきます。おすすめのYouTube動画やサイトを下記にご紹介していますので、ぜひ見てみて下さい（デザインや色に関することは、英語がわからなくても見るだけで勉強になりますので、臆せず探検してみてください）。

	動画タイトル/ サイト名	URL	内容
おすすめ YouTube 動画	Beginning Graphic Design: Typography	https://bit.ly/BGD-Typo	文字のフォントや大きさ、配置方法の基礎知識がコンパクトにまとめられています。
	Beginning Graphic Design: Color	https://bit.ly/BGD-Color	文字を含めた動画全体の色味を決める為の基礎知識がコンパクトにまとめられています。
おすすめ サイト	Adobe Color CC	https://color.adobe.com/ja/explore	TOPページでカラーパレットを作成する事も可能ですが、「探索」ページでは豊富なカラーパレットを見る事が出来ます。
	デザイナーじゃなくても知っておきたい色と配色の基本	https://baigie.me/officialblog/2021/01/27/color_theory/	配色の基本をわかりやすく説明しています。ブランドロゴを例に挙げた色のイメージ説明もわかりやすいです。

◉ 具体例1

　AとBでは、どちらの方がメッセージが伝わりやすいでしょうか？

　Aでも悪くはないですが、Bの方が「何を」というメッセージがより強く伝えられていると思います。

A

さあ、VYONDを
始めてみよう！

B

さあ、VYONDを
始めてみよう！

◉ 具体例 2

AとBでは、どちらの方がテキストが読みやすいでしょうか？

Aでは全てが均一の色や文字サイズで書かれているため、のっぺりした印象を受けますが、Bでは色やサイズにメリハリがあり、より読みやすい印象を受けると思います。

A

著作権法

ご存知ですか？

著作権法とは知的財産権の一つである著作権の
範囲と内容について定める日本の法律です。

B

著作権法

ご存知ですか？

著作権法とは知的財産権の一つである
著作権の範囲と内容について定める日本の法律です。

💡onepoint

・初めてこの動画を見た人がどのような印象を受けるか
・文字は読みやすいか
・メッセージが伝わるか

などを常に念頭において、動画を制作するように心がけましょう。

＋フリーフォントを利用する

VYONDの既存フォントは英語ベースで構成されているため、日本語と英語の文字の大きさが異なるので、使いづらいものが多いです。そこでワンランク上のVYOND動画にするために欠かせないのが「フォントを追加する」事です。ありがたい事にWEBには無料でダ

ウンロードできる「フリーフォント」がたくさんあります。代表的なフリーフォントのご紹介と、VYONDにアップロードして使う方法をお伝えします。

◉ フォント名とフォントサンプル

あずきフォント	ロゴたいぷゴシック	VYONDを学ぼう	VYONDを学ぼう
ラノベPOPフォント	やさしさゴシック	**VYONDを学ぼう**	VYONDを学ぼう
スマートフォンUI	源柔ゴシック (ノーマル)	VYONDを学ぼう	VYONDを学ぼう
はなぞめフォント	源暎エムゴ	VYONDを学ぼう	VYONDを学ぼう
たぬき油性マジック	やさしさアンチック	VYONDを学ぼう	VYONDを学ぼう
コーポレート・ロゴ	Noto Sans JP (Medium)	VYONDを学ぼう	VYONDを学ぼう

上記はビジネスアニメーションにも使えるフリーフォントをいくつかピックアップしたものです。他にもWEBで「フリーフォント おすすめ」と検索するとたくさん出てきますので、制作する動画の雰囲気に合うフォントを検索してみてください（上記に挙げたフォントは全て商用利用可能ですが、念のためダウンロード時にご自身でも確認して下さい）。

操作1 フリーフォントのファイルを用意する

お好きなフリーフォントサイトからダウンロードします。大抵の場合は圧縮されているので、ダブルクリックで解凍します。「.ttf」または「.otf」拡張子が付いているファイルがフォントのファイルです。

⚠ 注意

フリーフォントによっては、アカウントの登録やパスワードの入力が必要なものがありますので、サイトの指示に従って対応してください。また、圧縮ファイル内に多数のファイルが入っていて迷う場合は、ダウンロードサイトの説明や、圧縮ファイル内に入っている「ReadMe.txt」を読むなどしましょう。

操作2　フリーフォントをアップロードする

VYONDの操作画面を表示します。どのスタイルを選んでも、共通で利用できるため問題ありません。画面左側の［Upload］⬆ をクリックし、［Upload File］から前ページ操作1のファイルを選択します。

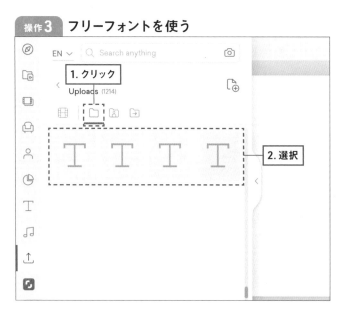

操作3　フリーフォントを使う

［Upload］リストの中から対象のフォントをクリックすると、対象フォントでテキストボックスが表示されます。

onepoint

任意のテキストテンプレートを選択し、[Text Settings] Aa の [Font] プルダウンをクリックすると表示される [MY LIBRARY] から、使いたいフォントを選択する方法もあります。使いやすい方法を選んでください。

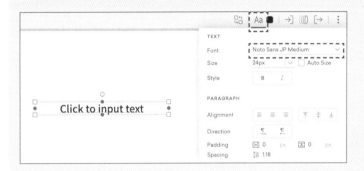

onepoint

フリーフォントはデザイナーの方々のご厚意によるものです。個人利用や商用利用の範囲についてはフォントごとに異なります。また、商用利用可能でも「フォントの変形・加工をしてはいけない」など注意事項があります。必ず使用許諾や利用規約を読むようにしましょう。

Chapter
9

Audio について

動画において、ナレーションやBGMは大きな役割を担っています。ナレーションがある事でより多くの情報を伝えられますし、BGMによって見ている人にイメージを伝えやすくなります。この節では、VYONDにナレーションやBGMを入れる方法について説明します。

✚VYOND の Audio メニュー

VYONDのAudioの機能は、大きく「ナレーション」と「BGM/効果音」の2つに分けられます。

◎ **ナレーション：**

その場でマイク入力した音声をナレーションに使用できるツール（Mic Recording）や、入力したテキストを音声に変換するツール（Text-to-Speech）が備わっており、日本語にも対応しています。また、VYONDのキャラクターがあたかも話しているかのように口を連動させる事も可能です（Assign Audio）。

◎ **BGM/効果音：**

2024年2月現在、BGM154曲・効果音318種類が最初から備わっており、使用可能です。コメディタッチなものからジャジー、シリアスなものまで様々な種類が揃っており、今後も増え続けていくと考えられます。

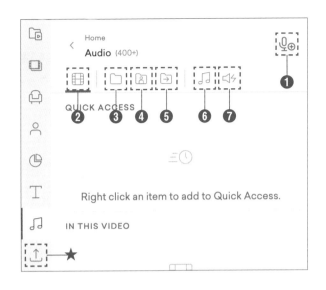

❶	**Add Audio**	［Mic Recording］［Text-to-Speech］機能 日本語AI音声も使用可能。
❷	**Video Contents**	・現在開いている動画内で使用されているBGM/効果音 ・Quick Accessに追加したBGM/効果音をリストで確認可能
❸	**My Library**	［Mic Recording］［Text-to-Speech］機能で作成した音声をリストで確認可能
❹	**Shared Library**	対象アカウント内で共有したい音声や素材をリストで確認可能 （［Mic Recording］［Text-to-Speech］機能で作成したもの、外部からアップロードしたものなど）
❺	**Transferred Content**	他アカウントから移転された音声
❻	**Background Music**	BGMをアルファベット順でリスト化
❼	**Sound Effects**	効果音をアルファベット順でリスト化
★	**Upload**	VYOND以外で録音/作成したナレーションやBGM/効果音を外部からアップロード可能

➕BGM/効果音を動画に追加する（プリインストール）

　前述の通り、VYONDにはBGMや効果音が多数プリインストールされており、更に、外部からアップロードして追加する事もできます。まずは、プリインストールされているBGM/効果音を動画に追加する方法を説明します。

⦿ 準備

どのスタイルでもBGM/効果音は同じなので、好きなスタイルを選んでよいですが、サンプルでは「Contemporary」を選んでいます。テンプレートは、スタイルを選んだ時にデフォルトで表示される「Default-Introduce」のままです。

操作1　BGM一覧を開く

[Audio] 🎵 をクリックしてから、[Background Music] をクリックします。

操作2　BGMを検索する

「Cheerful Blossom」というBGMを使います。検索バーで「Cheerful Blossom」と検索、もしくはスクロールダウンして探してください。

⚠ 注 意

著作権の関係で、該当BGMが削除されている場合があります。見つからない場合は、任意の1分程度のBGMを選択して下さい。

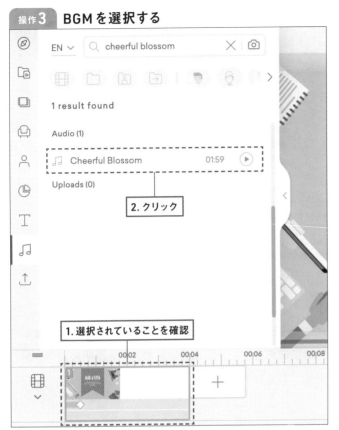

操作3 **BGM を選択する**

必ず「Default-Introduce」シーンが選択されている状態（オレンジの枠で囲まれている状態）になっている事を確認してから、「Cheerful Blossom」という文字をクリックしてください。

2. クリック

1. 選択されていることを確認

⚠ 注 意

曲名をダブルクリックすると、サウンドタイムライン上で2重に入ってしまいます。その場合は焦らず、どちらか一方を選択してから削除して下さい。

Chapter
9

操作4 BGMが追加されたことを確認する

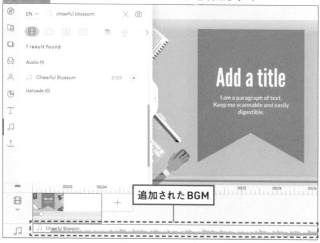

下のタイムラインにBGMが追加されます。

追加されたBGM

⚠ **注　意**

　BGM/効果音は選択しているシーン以降に追加されます。追加してから移動させる事も可能ですが、手間ですので、BGM/効果音を追加する際には、追加したい場所のシーンが選択されているかを常に確認する癖をつけましょう。

💡**onepoint**

　VYONDにプリインストールされているBGMには、9秒〜7分1秒までの長さのものがあります（2024年2月現在）。短いものはコピー＆ペーストでループさせたり、長いものは必要な長さや箇所だけカットして使用する事が出来ます。

　例えば、吹き出しが出てくる時の効果音としては「goop」がおすすめです。ぜひ色々なBGMや効果音を試してみて下さい。

Chapter
9

✚BGMの長さを調整する

動画の長さよりも長いBGMを追加したり、動画の中で何種類ものBGMを使う為に、BGMの長さを調整したい場合が出てくると思います。ここでは様々なパターン別に、BGMの長さを変更する方法を説明します。

パターン1	BGMの先頭はそのままで、長さを短くしたい場合Ⓐ
パターン2	BGMの先頭はそのままで、長さを短くしたい場合Ⓑ
パターン3	BGMの途中だけを使用したい場合

「BGM/効果音を動画に追加する」の操作4と同じ状態で開始したいので、「BGM/効果音を動画に追加する」の操作を行っていない方はP231～234を見て対応、もしくは下記表の通りにテンプレートとBGMを選択しておきましょう。

スタイル	Contemporary
カテゴリ	default
テンプレート名	Default-Introduce（操作1画像参照）
BGM名/検索文言	「Cheerful Blossom」

※著作権の関係で、該当BGMが削除されている場合があります。見つからない場合は、任意の1分程度のBGMを選択して下さい。

Chapter
9

◎ パターン1：BGMの先頭はそのままで、長さを短くしたい場合Ⓐ

操作1 BGMを分割［split］する

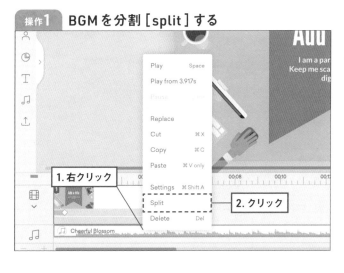

BGM4秒目にカーソルを合わせて右クリックすると、メニュー画面が出てくるので［Split］を選択します。

操作2 不要なBGMを削除する

4秒目以降のBGMを削除

[Split] を選択した事でBGMが分割されたので、4秒目以降のBGMを選択（オレンジ色で囲まれる）して、キーボードの [Delete] キー、もしくは右クリックしてメニュー画面の中の [Delete] を選択して、削除します。

💡 onepoint

[Split] する場所を間違えた！と思っても焦らなくて大丈夫です。[Split] した境目を前後にドラッグするだけで、消しすぎた／残しすぎた箇所の調整が簡単に出来ます。

◉ パターン2：BGMの先頭はそのままで、長さを短くしたい場合Ⓑ

操作1 BGMの最後までスクロールする

スクロール

BGMの一番最後が出てくるまで、タイムラインを右にスクロールします。

操作2 BGMの長さを変更する

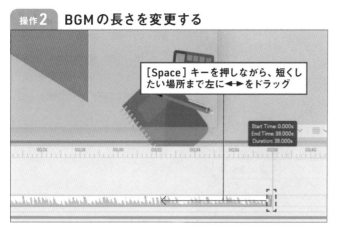

> [Space]キーを押しながら、短くし
> たい場所まで左に◀▶をドラッグ

BGMの一番端を選ぶと、両端が
矢印になっている記号（◀▶）が表
示されるので、[Space]キーを押
しながら、短くしたい場所まで左
に移動させます。

操作3 BGMの長さをテンプレートに合わせる

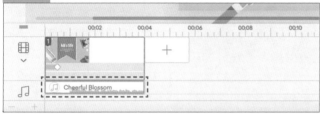

テンプレートの長さに合わせれば
完了です。

💡 onepoint

左右に移動させる事でBGMの長さが変更出来ます。リカバリー可能なので、思い切り
移動させてみてください。

Chapter 9

◎ パターン3：BGMの途中だけを使用したい場合（パターン1の応用）

操作1 BGMを分割（Split）する

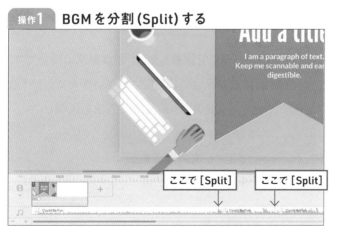

> ここで[Split]　　ここで[Split]

[Split]を使用して、使用したい箇
所の前後を分割します。

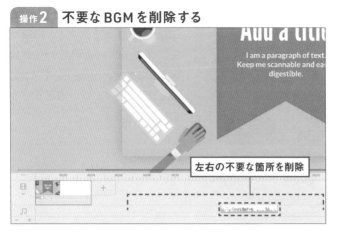

操作2 不要なBGMを削除する

左右の不要な箇所を削除

分割した不要な箇所を、キーボードの [Delete] キー、もしくは右クリックしてメニュー画面の中の [Delete] を選択して、削除します。

操作3 BGMを移動させる

ドラッグ

切り抜いた箇所を、希望する場所へドラッグで移動させます。長さが不足していた/長すぎたと言う場合は、前後好きな方をドラッグすることで長さを調節できます。

onepoint

　サウンドタイムライン上で、複数の音を重ねる事が可能です。BGMが流れている中で効果音を入れたり、ナレーションをかぶせたり出来ますので、色々試してみましょう。

✚ BGMの音量を調整する・フェードイン/フェードアウトさせる

　VYOND上で動画にBGMを追加して、長さや使う場所を調整したら、次は音量の調節です。VYONDにプリインストールされているBGMは音量が大きめに設定されているため、必ず音量調整を実施して下さい。また、フェードイン/フェードアウト設定する方法も説明します。

　まずは次ページの表の通りにテンプレートとBGMを選択します。
　操作1の図の様になっているか確認してください。

スタイル	Business Friendly
カテゴリ	cycling
テンプレート名	Cycling（2.5秒→8秒に変更しておいてください）
BGM名／検索文言	Happy To Be Me

※デフォルトで表示される「Office-Title」テンプレートは削除してください。

※著作権の関係で、該当BGMが削除されている場合があります。見つからない場合は、任意の1分程度のBGM を選択して下さい。

◉ 音量を調整する

操作1 **BGMの長さをテンプレートに合わせる**

8秒に調整

まずは長さを調整します。P235 「BGMの長さを調整する」を参考 にしながら、BGMの長さをテンプ レートと同じ「8秒」にします。

🔆 onepoint

テンプレートの長さに比べてBGMが非常に長い場合は、［Split］を利用して、不要パー トを削除する方法がおすすめです。

操作2 **BGMの設定画面を出す**

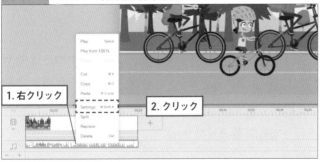

1. 右クリック

2. クリック

8秒に短くしたBGM「Happy To Be Me」を右クリックするとメニュー 画面が出てくるので、その中の ［Settings］を選択します。

操作3 BGMのボリュームを調整する

AUDIO SETTINGS   ✕

Happy To Be Me
02:04   ◁ 20% ▼

FADE   「20%」に変更

出てきたメニュー画面内に、標準では「100%」と記載されている箇所[Volume]を「20%」にします（プルダウン選択と直接入力、どちらでも問題ありません）。

操作4 プレビュー再生で確認する

空白部分をクリック

画面左右の空いている箇所をクリックすればメニュー画面が閉じます。[PREVIEW]から再生してみましょう。

💡**onepoint**

　音量を標準よりも大きくしたければ100%以上に、小さくしたければ100%以下にします。ただVYONDのBGMは元々大きめの音量に設定されているため、20~30%位がおすすめです。曲調にもよりますが、ナレーションと合わせる場合は「10%」にしても全く問題ありません。制作する動画の雰囲気に合わせて調整してみてください。

◉ フェードイン/フェードアウトを設定する

　フェードインとは、曲の出だしに徐々に音量を上げていく手法、フェードアウトは曲や動画の終わりに徐々に音量を下げていく手法のことです。ここでは、前述の「音量を調整する」の操作4まで完了した状態から説明します。

　もちろん、ここからの操作だけを行っても問題ありません。

操作1　BGMの設定画面を出す

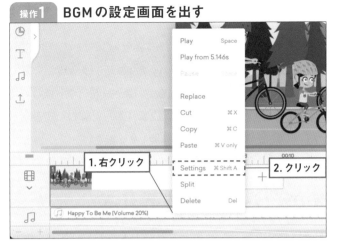

タイムラインのBGMを右クリックするとメニュー画面が出てくるので、その中の [Settings] を選択します。

操作2　FADE設定をオンにする

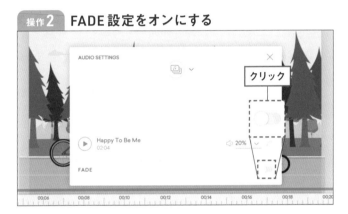

出てきたメニュー画面内の一番下 [FADE] の右側にある、グレーアウトしているように見えるボタンをクリックします。

操作3　FADEの音量や長さを設定する

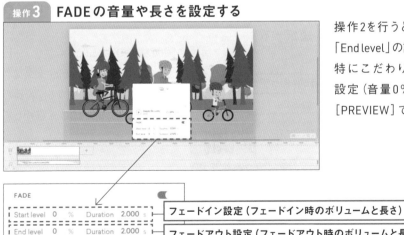

操作2を行うと、「Start level」と「End level」の設定が表示されます。特にこだわりがなければ、標準設定 (音量0%・長さ2秒) のまま [PREVIEW] で再生してみましょう。

✛機械音声/人間音声でナレーションを入れる

ナレーションを追加すれば、より多くのメッセージを伝えられるとわかっていても、まだサンプルだからお金をかけられない、でもナレーションの出来る人材が周囲にいない…と悩まれるかもしれません。

VYONDには、入力したテキストを機械音声に変換するツール（Text-to Speech）が標準装備されています。

まずは下記表の通りにテンプレートを準備してください。

スタイル	Business Friendly
カテゴリ	title
テンプレート名	Office – Title（4.792秒→7秒に変更しておいてください）

※Business Friendlyを選択した際の標準テンプレートです。誤って削除してしまった場合は、上記文言にて検索して下さい。

操作1 ［Text-to-Speech］を選択する

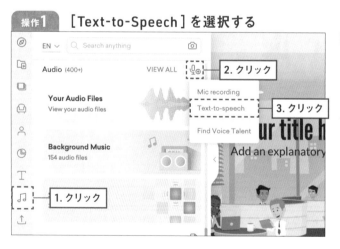

画面左側の［Audio］をクリックして、右上の［Add Audio］をクリックするとメニュー画面が出てくるので、［Text-to-Speech］を選択して下さい。

操作2　ナレーションを入力する

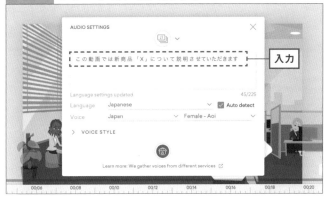

図のようなボックスが表示されます。上部 [Enter your text here…] に、追加したいナレーション文言を入力します。サンプルとして「この動画では新商品「X」について説明させていただきます」と入れてみて下さい。

💡onepoint

[Text-to-Speech] では最大255文字まで入力可能ですが、長すぎると、後の工程で行うナレーション調整が手間になる可能性があります。そのため、1~2文ずつなど、できる限り短めに入力するのがおすすめです。

操作3　機械音声を生成する

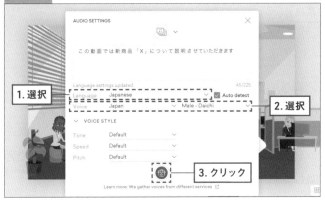

テキストボックスの下部で、言語と機械音声がプルダウンで選択できます。ここでは [Japanese] [Male - Daichi] を選択してください。[VOICE STYLE] からトーンやスピードを変更することも可能です。選択し終えたら、ロボットの顔が書いてある [Generate] 🤖 をクリックします。

Chapter
9

💡onepoint

日本語の機械音声は女性10種類・男性7種類が用意されています（2024年2月現在）。

追加されたナレーション

場所などを調整

テンプレート下のサウンドタイムラインにナレーションが追加されます。好きな場所に移動させるなど、調整すれば完了です。

＋ キャラクターに口パクさせる

VYONDのキャラクターは非常に表情豊かです。表情豊かなキャラクター自身が、あたかもあなたの作成したナレーション音声を話しているかのように口を連動させる事ができる［Assign Audio］の使い方を説明します。

まずは下記表の通りにテンプレートを準備してください。

スタイル	Contemporary
カテゴリ	Contact
テンプレート名	Contact us

操作1 [Text-to-Speech] を選択する

この男性キャラクターにメッセージを喋らせたいと思います。[Audio] をクリックして、[Text-to-Speech] を選択してください。

onepoint

BGM同様、現在選択しているシーンに音声が追加されます。[Audio] ボタンをクリックする前に、自分が音声を追加したいシーンを選択している状態か、常に確認するように気をつけましょう。

操作2 機械音声を生成する

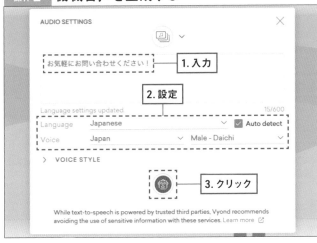

出てきたボックスに「お気軽にお問い合わせください！」と入力します。言語を「Japanese」、機械音声は「Male - Daichi」を選択して、ロボットの顔が書いてある [Generate] ボタンをクリックします。

操作3 喋らせたいキャラクターを選択する

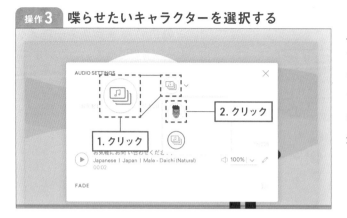

上部の［Assign Audio］をクリック
すると、テンプレート内の男性キャ
ラクターのイラストが表示されるの
で、男性キャラクターの顔を選択す
れば完了です。［PREVIEW］で再
生してみましょう。

✚BGMやナレーションをアップロードする

　VYOND内には多数のBGMと効果音がプリインストールされており、更に［Text-to-Speech］で文章を機械音声に変換してくれる機能も付いていますが、それでも別のBGMや効果音を使いたかったり、プロのナレーター音声を使いたい場合もあると思います。ここでは、BGMやナレーションをアップロードする方法や注意点について説明します。

◉ アップロード条件

	ファイルタイプ	最大サイズ
Image（イメージ、図、写真など）	jpg, png	15MB
Audio（BGM、効果音、ナレーションなど）	mp3, wav, m4a	15MB
Video（動画）	mp4	100MB
Font（フォント）	ttf, otf	25MB

※フォントでotfタイプをアップロード出来るのは有料プランのみです。2週間体験期間中の方はアップロード出来ないのでご注意ください。

◉ アップロード方法

　ここでは例としてAudio（wav）のアップロードを行いますが、どのファイルタイプでも、同じ方法で対応可能です。

　まずはアップロードするAudioファイルを用意します。ファイルサイズが15MB以内である事を確認してください（特にナレーション音源は15MBを超過しがちなので、ファイルサイズに注意しましょう）。

操作1 Audioファイルをアップロードする

まずVYONDの操作画面を表示します。どのスタイルを選んでも、共通で利用できるため問題ありません。画面左側の［Upload］ ⬆ をクリックし、右上の［Upload File］から事前に用意したAudioファイルを選択します。

操作2 アップロードしたファイルを選択する

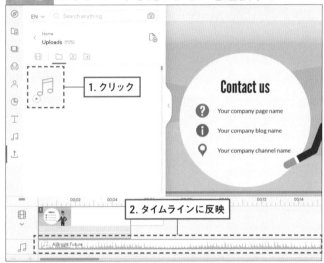

［Upload］リストの中から、アップロードしたファイルをクリックすれば、タイムラインへの反映完了です。

Chapter
9

⚠ 注 意

アップロードしたAudioファイルをクリックする前に、自分がAudioを追加したいと思っているシーンを選択しているか、常に確認する癖をつけましょう。

onepoint

　動画制作に欠かせないBGMや効果音ですが、購入したCDや加入しているサブスクリプションサービス内の曲を無断使用すると、著作権法に抵触してしまいます。結婚式などのイベントで使用するのか、商用目的なのか、完全に個人使用なのかなどによって使用できる楽曲の範囲が変わるので、「動画編集 BGM 著作権」などで検索して調べてみて下さい。

　筆者がよく使用しているフリーのBGMや効果音のサイトをご紹介します。

無料	DOVA - SYNDROME	https://dova-s.jp/	フリー BGM（音楽素材）15,941曲、フリー効果音素材1,307曲を無料でダウンロード可能（2024年2月現在）。
有料	NASH music library	https://www.nash.jp/fum/	30,000曲以上のオリジナル曲や効果音が、著作権ロイヤルティーフリーで使用可能。効果音は500円前後、1曲あたり2,000円前後が多い。

字幕について

動画において、BGMや効果音はイメージを伝える上で入っていた方がよい場合が多いですが、字幕は必須ではありません。ただ、字幕がある方が伝わりやすい場合が多いのも確かです。ここでは、効果的で見やすい字幕の追加方法やデザインについて説明します。

➕ 字幕を追加する方法

VYONDに字幕を追加する方法には大きく3種類あります。基本的にはどれを選択しても問題ないですが、本書ではVYONDで全て完結させる手法①、②について説明します。

	手法	レベル	対象	推奨ソフト	メリット	デメリット
①	VYOND内で通常編集	★	VYONDで全て完結させたい	-	追加費用なしで簡単	カメラ機能を使用した場合は、かなり手間がかかる為、あまりおすすめしない
②	VYOND内で自動生成（OPEN CAPTIONS）	★★	長い動画など、作成済の動画に字幕を自動で簡単に入れたい	-	インタビューなどシナリオがない動画の文字起こしや字幕入れに最適	細かいデザイン調整ができない
③	動画編集ソフトで追加	★★★	VYONDの動画内でカメラ機能を使っている、元々動画編集の経験がある、少しでもデザインに凝りたい	Premiere Pro、Final Cut Pro、After Effects など	デザインや細かな調整がしやすい、プロも使うソフトなので完成度が高い	費用がかかる、使用経験がない場合は覚える手間がかかる

⚠ 注　意

　VYOND上で全て完結させる①の方法では、カメラ機能（Section10-1参照）を使ったシーンの数だけ、かなり手間のかかる調整が必要となります。「カメラ機能を使用したけれど、どうしてもVYOND内で字幕を完結させたい」人は、P326「カメラ機能を使用した際の字幕追加方法」に方法を記載しているので参照してみてください。

✚VYOND内で編集機能を使って字幕を追加する

前述の「手法①VYOND内で通常編集」について説明します。

まずは下記表の通りにテンプレートを準備してください。

スタイル	Business Friendly
カテゴリ	globe
テンプレート名	Globe（Before画像参照）

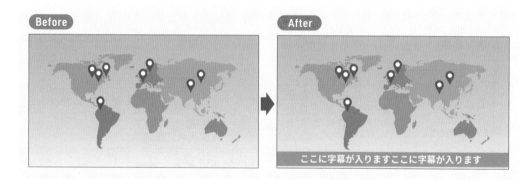

操作1　字幕ベースのPropを選択する

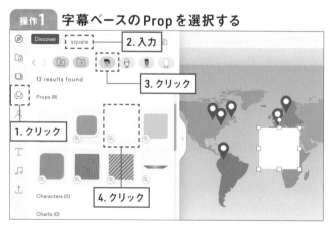

[Prop]をクリックして、「square」と検索します。検索結果のBusiness Friendlyのカテゴリ内から四角形のPropをどれか一つ選択します。ここでは、左から3番目の白い四角を選びます。

操作2 字幕ベースの大きさを調整する

[Shift] キーを押しながらドラッグ

字幕の下に敷くベース（座布団）を作ります。操作1で選択した四角形を、［Shift］キーを押しながらドラッグすると、Propの縦横比を自由に変更することが出来ます。適切と思う大きさに変更します。

操作3 字幕ベースの色を変更する

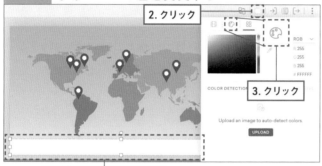

2. クリック

3. クリック

1. 選択していることを確認

ベース（座布団）の色を変更します。好みの色で構いませんが、ここではわかりやすい様に、少し濃い色で進めます。
白い四角形を選択したまま、右上の ［Color］をクリックし、上部の ［Palettes］をクリックします。

Chapter
9

操作4 字幕ベースの色を選択する

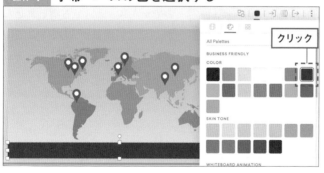

クリック

カラーパレットが表示されるので、色を選択します。

操作5 字幕ベースの色を透過させる

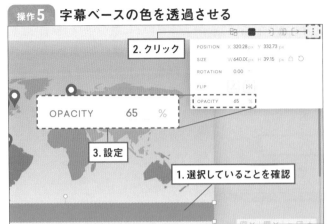

2. クリック

OPACITY　　　65　　　%

3. 設定

1. 選択していることを確認

ベース（座布団）の色を透過させます。

四角形を選択したまま、右上の3点リーダー［More］をクリックします。表示されたメニュー下部にある［OPACITY］が透過率です。好みで設定して構いませんが、ここでは透過率65%に設定します。これでベースは完成です。

🔘 onepoint

　必ず透過させないといけないわけではありませんが、背景の映像との親和性やデザイン性などを考えれば、少しでも透過させた方が、特に初心者は仕上がりに差が出てきます。

操作6 文字を追加・入力する

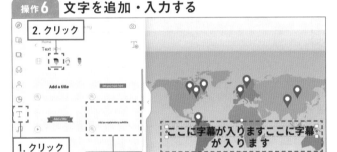

2. クリック

ここに字幕が入りますここに字幕が入ります

1. クリック

3. クリック

4. 入力

次に文字を追加します。

左側の［Text］ Ｔ をクリックして、適切なテキストテンプレートを選択します（ここでは［Subtitle］というテンプレートを選択）。練習なのでテキストは何でも構いませんが、「ここに字幕が入りますここに字幕が入ります」と連続して入力してみましょう。

🔘 onepoint

　スタイルの違い＝メインフォントやデザインの違いですので、基本的にはテンプレートと同じスタイルの中から選んだ方が統一感は生まれやすいです。

🔘 onepoint

　手順6内の「ここに字幕が入りますここに字幕が入ります」は20文字なので、5秒分の動画という認識になります。詳しくはP256「字幕のデザイン」を参照してください。

操作7 文字の大きさを調整する

2. 設定

1. 調整

文字が1行に収まる様にテキストボックスの大きさを揃えます。文字のフォントサイズもベースに収まる様に調整してください（ここでは「25」に設定しています）。

操作8 文字の色を調整する

2. クリック

3. クリック

1. 選択していることを確認

その後、操作3と同様に、文字を選択したまま、[Color]から色を変更します。カラーパレットから色を選択すれば完了です。

💡 onepoint

Chapter
9

　字幕のデザインには、ベースの上にただ文字を置く以外にも選択肢があります。ここで紹介しているのは一部なので、他にも色々な動画やサイトを見て、勉強してみましょう。

①ベースなし

　文字の色が濃いので、ベースがなくても視認性が高いです。

②ベースあり＆文字に影をつける

　文字に影をつけることで、文字を立体的に見せ、読みやすくすることができます。ただ、VYOND上に「影をつける」という機能はないため、文字をコピー＆ペーストし、色を変更して、元の文字の下に少しずらして重ねる、という手間が必要になります。

✛VYOND内で字幕を自動生成する

前述の手法②、音声付きのVYONDアニメーションに字幕を自動で生成する機能、[OPEN CAPTIONS]を使ってみましょう。

操作1 設定を開く

まず、VYOND内で動画が完成したら、右上の設定を開きます。

操作2 自動字幕生成を選択する

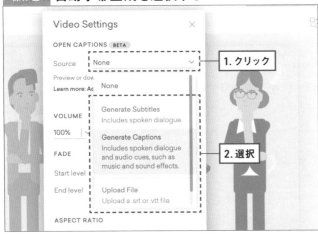

[OPEN CAPTIONS]の[Source]から、[Generate Subtitles]または[Generate Captions]を選択します。VYONDが自動で字幕を生成してくれます。

字幕ファイル(SRT、VTTファイル)をテキストエディターで編集し、[Upload File]から字幕テキストを編集する事もできます。

 **操作3** **保存する**

生成が完了したら、[SAVE] をクリックします。

 **操作4** **プレビューで確認する**

この状態でビデオをプレビューすると字幕が表示されます。
動画を修正した場合も、設定から再度同様の手順で更新することが可能です。

onepoint

自動字幕（Open Captions）ではこちらのデザインからフォントやサイズ、色の変更等は行えません。

VYOND内でオリジナルに制作したい場合は、手法①の通常編集で字幕を入れましょう。

✚字幕のデザイン

字幕は、ただ字が入っていればよいわけではありません。動画の内容や背景に適した字幕の表示方法を考える必要があります。見ている人が内容を理解できるか、ストレスなく文字を読むことが出来るか…常に考えながらデザインを決めていきましょう。

ここでは、ビジネスアニメーションに使えそうな字幕デザインについて説明します。
ポイントを簡単にまとめると以下のようになります。

①	文字がストレスなく読めるか	・背景に文字が馴染んでしまっていないか ・コントラストがはっきりしているか
②	表示時間内に読み切れる文字数か	・日本語は1秒4文字以内が目安 ・英語は1秒12文字以内が目安
③	フォントは統一されているか	・基本は1つのフォントで統一する
④	無駄な動きがついていないか	・アニメーションがつけばつくほど、野暮ったくなりやすい
⑤	困った時は「ざぶとん」を使う	・どんな色の背景でも統一感が生まれる

◉①文字がストレスなく読めるか

背景に文字が同化してしまっていたり、文字の色が淡すぎたりすると、読みづらくてストレスを感じてしまいがちです。読みやすくするためには、背景と文字色のコントラストをはっきりさせる事が重要です。色の好き嫌いではなく、読みやすいかどうかに焦点をあてて選ぶようにしましょう。

同化 / 文字が淡い

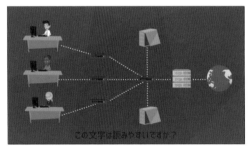
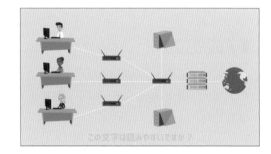

文字のコントラスト

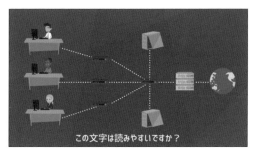 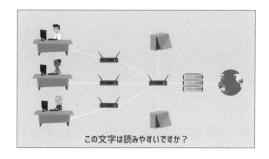

◎ ②表示時間内に読み切れる文字数か

　たくさん伝えたいからと文字数を多くしても、人が1秒間に読める文字数は、日本語で4文字・英語で12文字と限界があります。

　例えば、下の画像の日本語は28文字＝7秒分です。できる限り簡潔な文章にした方が、字幕の読みやすさや動画のリズムの面でもおすすめです。

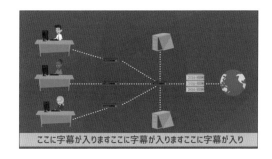

◎ ③フォントは統一されているか

　初めて字幕を入れる人は、必ずフォントが統一されている＝1種類にまとめるようにしましょう。下の例は大げさですが、フォントが混在していると全体の統一感が損なわれてしまいますし、読んでいて気が散ってしまう可能性もあります。

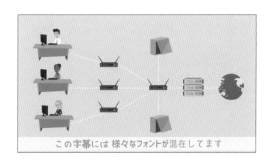

ここではごく初歩的なポイントをお伝えしています。目立たせたい文字のフォントをわざと変更したり、サイズや色を変えるテクニックもあります。動画の方向性に合わせてデザインしてみて下さい。

◉ ④ 無駄な動きがついていないか

動画編集の初心者のやりがちな失敗の1つに「無駄なエフェクトを付けすぎる」があります。字幕にも、目を引くような派手な動きを、しかも1本の動画内で複数種類使ってしまいがちです。

字幕は、動画の中では「サブ」的役割であり、動画本編より目立ってしまっては本末転倒です。「悪目立ちさせず、かつ読みやすくする」ために、もし動きを付けるとしても[Fade][Slide]くらいに抑えることをおすすめします。

◉ ⑤ 困った時は「座布団」を使う

「座布団」とはその名の通り、文字の下に敷くものです。別名「(テロップ) ベース」とも呼ばれます。

透過性のない座布団を使うと目立ちますが、さじ加減次第で野暮ったさを感じやすいので、出来る限り透過性のある座布団の使用をおすすめします。

透過性のある座布団をVYONDで追加する方法は、P250で説明していますので、そちらを参照してください。

透過性のある座布団を追加

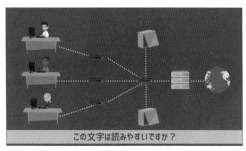
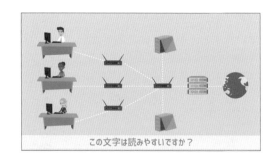

例えばTVのバラエティ番組っぽくしたい、某YouTuberっぽくしたいといったような場合は、座布団を敷かないデザインももちろんアリです。見せる相手は誰で、どのような動画にしたいか、考えながらデザインを決めていきましょう。

◉ おすすめサイト

最後に、テロップに特化したおすすめのサイトをご紹介します。わかりやすくまとまっているので、非常に参考になると思います。他に、P225「テキストのサイズ・色・フォントを変更する」でも文字の配置や配色に関するおすすめサイトを掲載しているので、併せて参考にしてください。

タイトル	URL
【動画編集者必見】見やすいテロップの作り方11の条件【完全版】	https://note.com/meec/n/n292b1a7cc6b3
ついやってしまう、プロのテロップの作り方	https://note.com/meec/n/n4023f548d5f1

Chapter
9

もっと詳しく知ろう
（カメラ／背景／トランジション編）

この章ではVYONDのカメラ機能や背景の変更方法、
トランジションの種類からモーションパスの設定方法まで、詳しく解説いたします。

Section 10-1 カメラについて

カメラワークが全くない動画は、定点観測以外では非常に稀です。VYONDにももちろんカメラ機能があります。カメラ機能を使うと、動画に奥行き感や躍動感が生まれ、表現の幅が広がりますので、ぜひ使ってみましょう。

＋ カメラ機能の説明と効果

ここでは、カメラ機能がどこにあるか、どのような設定が可能なのかについて説明します。

◉ カメラの追加方法

編集画面右上のバー、赤枠で囲っているのが［Camera］＝カメラ機能です。カメラ機能を追加したいシーンを表示した状態で、［Camera］ボタンをクリックするだけで、カメラ機能がシーンに追加されます。

◉ カメラの機能について（概要）

カメラには大きく2パターンの効果があります。ここではそれぞれの概要について説明します。

◎ パターン①：動きなし
◎ 目的：対象シーンのサイズ変更（トリミング）

特に動きは必要ないけれど、VYONDのテンプレートそのままだと間延びしている時や、余白をトリミングしたい時に使えます。

Chapter 10

Chapter 10

onepoint

　例えばビジネス動画で使いやすいContemporaryスタイルのテンプレートは、カメラ機能が前提な余白多めの構図が多いです。

◎ **パターン②：動きあり**

◎ **目的：ズームイン/アウト、パン、ティルトなど**

　名前の通り、絵に動きをつけたい時に使います。動きによって、観る人の印象を変えることが出来る、非常に効果的な手法です。

種類	動き	効果
ズームイン	被写体を画面内で次第に大きく捉えていくこと	視点を誘導してズームする先に集中させたいなど（集中と緊張）
ズームアウト	被写体を画面内で次第に小さく捉えていくこと（ズームインの逆）	特定の被写体が置かれている状況と関係性を見せたい、視点の集中を解きたいなど（解放と弛緩）
パン	カメラを左から右、あるいは右から左に振ること（水平）	広さを表現したい、複数の被写体の位置関係を表したい、水平移動する被写体を追いたいなど
ティルト	カメラを上下に振ること（垂直）	縦に長い物体を見せたい、キャラクターのディテールと全体を見せたいなど

◉設定メニュー

[Camera]を押してから[ADD CAMERA] `ADD CAMERA` を押すと、P262で説明した機能①（動きなし）が設定できるようになります。その時の設定メニューは下図の枠部分のみが見えています。

[ADD CAMERA MOVEMENT] `ADD CAMERA MOVEMENT` を押すと、詳細な設定メニューが表示され、前ページで説明した機能②（動きあり）が設定できる様になります。

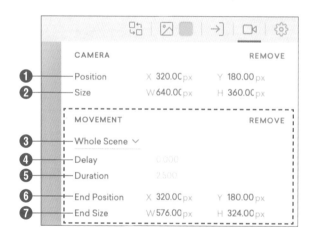

	英語		日本語	機能①	機能②
❶	Position		ポジション（位置）	トリミング枠の位置	カメラワーク開始時点の位置 XはX座標（水平）、YはY座標（垂直）
❷	Size		サイズ	トリミング枠のサイズ	カメラワーク開始時点のサイズ WはWidth＝幅、HはHeight＝高さ
❸	プルダウン（切り替え）	Whole Scene	ホールシーン（シーン全体）	-	シーン全体でカメラを動かす
		Custom	カスタム	-	シーンの一部だけでカメラを動かす

❹	Delay	ディレイ（遅延）	-	シーン開始から何秒遅れで開始させるか
❺	Duration	デュレーション（持続時間）	-	何秒間カメラを動かすか
❻	End Position	エンドポジション（最終位置）	-	カメラワーク終着時点の位置 X は X 座標、Y は Y 座標
❼	End Size	エンドサイズ	-	カメラワーク終着時点のサイズ W は Width＝幅、H は Height＝高さ

✚ 基本的な使い方

　ここまで、カメラ機能の意味、効果、メニュー画面について説明しました。次からいよいよ実践に移ります。Section10-1の冒頭でお伝えした2つのパターンについて、代表的な使い方を説明します。

◉ ①動きなし / 目的：対象シーンのサイズ変更（トリミング）

　まずは下記表の通りにテンプレートを準備してください。

スタイル	Contemporary
カテゴリ	Home
テンプレート名	Home office

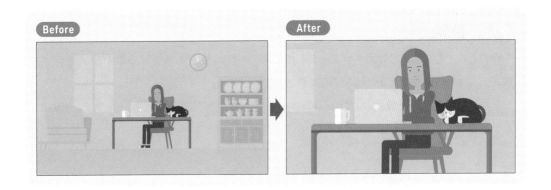

操作1 カメラボタンを選択する

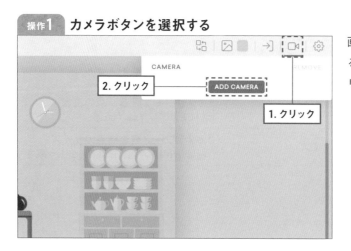

画面右上の［Camera］◻️ を選択すると表示される ADD CAMERA をクリックします。

操作2 カメラ枠の大きさを調整する

ハンドルをドラッグ

操作1を行うと、シーンの上にオレンジ色のカメラマーク付きの枠が表示されます。この枠は四隅にある、少し太い箇所（ハンドル）をドラッグする事でサイズ変更が出来ます。このオレンジ色の枠で囲まれている範囲が、実際に動画で表示される範囲になるので、ちょうどいい大きさになるよう動かしてみましょう。

Chapter 10

💡onepoint

　枠のどこでも、あるいはカメラマークを持つ事で、枠の位置も変更する事が出来るので、ちょうどいい位置まで動かしてみてください。

　なお、枠のサイズと位置は、設定メニューから数値で指定することも可能です。使いやすい方をお選びください。

操作3 トリミングされていることを確認する

[PREVIEW] で、オレンジ枠内に
収めた部分のみが再生されている
ことを確認してみてください。

◎②動きあり / 目的：ズームイン / アウト、パン、ティルトなど

ここでは、水平移動させる「パン」をやってみたいと思います。

まずは下記表の通りにテンプレートを準備してください。

スタイル	Contemporary
カテゴリ	Leisure
テンプレート名	Carnival（Before画像参照） （2.5秒→4秒に変更しておいてください）

Before　　　　　　　　　　　　　　After

Chapter
10

操作1 カメラを追加して、枠の位置を調整する

調整

画面右上の［Camera］ ◻◦ を選択すると表示される ADD CAMERA をクリックします。

オレンジの枠を小さくして、右端の男性と犬がギリギリ見える範囲に調整してください。

操作2 更にカメラ枠を追加する

1. クリック

2. クリック

もう一度［Camera］ ◻◦ を選択すると、今度は［ADD CAMERA MOVEMENT］ ADD CAMERA MOVEMENT が表示されるので、クリックします。

操作3 カメラ枠が追加表示されたことを確認する

オレンジの枠（カメラの動き始め）と黄色い枠（カメラの動き終わり）が、少しずれて表示されます。

追加枠の位置を調整する

調整

黄色い枠を、サイズは変更せずに、右端の男性と犬が入る様に、真横にドラッグして移動させたら完成です。[PREVIEW]で見てみましょう。

💡 onepoint

まずはドラッグしておおよその位置まで動かしてから、[Camera]設定メニューで、[Position]と[End Position]の「Y(Y座標)」の数値を微修正する方法もあります。

💡 onepoint

今回の操作は水平移動の「パン」でしたので、垂直移動の「ティルト」の場合は、枠を縦に移動させると考えれば想像がつくと思います。

なおズームインの場合は「外側にオレンジの枠・内側に黄色い枠」、ズームアウトはその逆「内側にオレンジの枠・外側に黄色い枠」です。

Chapter
10

Section 10-2 背景について

VYONDには背景の柄が約780種類も用意されています（2024年2月現在）。色も自由に変更可能なので、自分のイメージにより近づく様に既存のテンプレートをカスタマイズすることが出来ます。ここでは動画の基礎となる「背景」の変更/調整方法について説明します。

＋ テンプレートの背景（色と柄）を変更する

VYONDでテンプレートを探していると、これを使いたいけど背景の色が濃すぎる…という場合がよくあります。背景の色を変更する方法・背景の柄を変更する方法を説明します。

まずは下記表の通りにテンプレートを準備してください。

スタイル	Contemporary
カテゴリ	Procedure
テンプレート名	Timeline（Before画像参照）

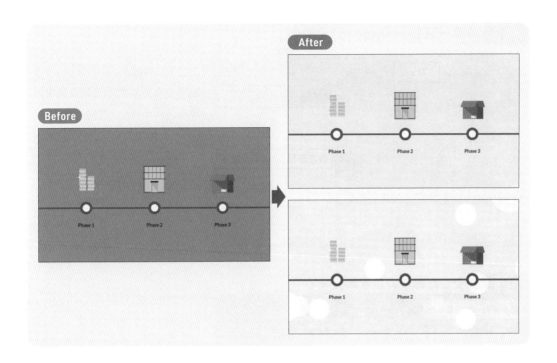

操作1 カラーパレットを開く

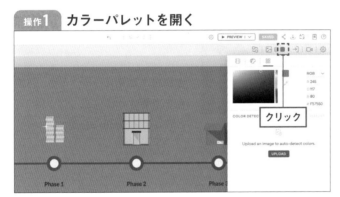

クリック

右上の [Color 1] をクリックして、カラーパレットを開きます。

操作2 背景の色を調整する

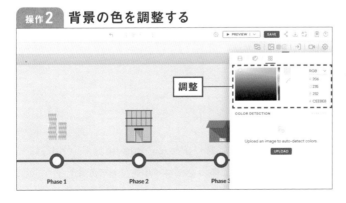

調整

カラーパレットの色を調整すれば、色の調整は完了です（ここでは #CEEBE8に変更）。
もし背景の柄も変更したい場合は、操作3以降へ進みましょう。

操作3 背景一覧（Background）を開く

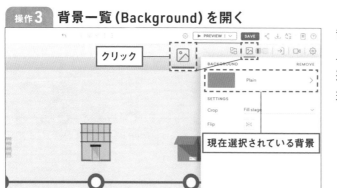

背景の柄を変更したい場合は、右上の［Background］を選択します。選択した時に表示される背景が、現在選択されています。

操作4 変更した背景の色を調整する

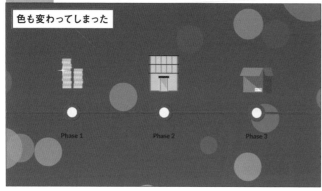

ここでは、Business Friendlyの「Bubbles」を選択します。
実は各柄には標準色が設定されているため、柄を選択すると同時に、色も標準色に変更となってしまいます。

標準色では見えづらいため、再度色を変更すれば完成です（操作2と同じ #CEEBE8に変更）。

onepoint

テンプレートと背景のスタイルが同一である必要はありません。Business FriendlyにContemporaryを合わせても、その逆でも構いません。色々なスタイルを試してみましょう。

💡 onepoint

背景と色を変更した例を、参考に挙げておきます。

オリジナルテンプレート

背景と色変更①

背景と色変更②

💡 onepoint

背景を無しにしたい場合は、[Background] を選択した後に、[REMOVE] をクリックすれば完了です。

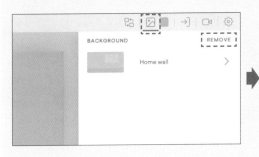 

➕ブランク（空白）シーンを追加する

一から自分でシーンを作りたい時には「空白シーン（白紙）」を追加する事ができます。シーンを創作する以外にも様々な活用方法があるので、その内の一部を説明します。

◎ 考えられる活用例

例1	白を追加	一からシーンを作り上げたい時など
例2	黒を追加	動画のエンディングを黒でフェードアウトさせたい時など

◉ ブランクシーンを追加する

［Add Blank Scene］を選択する

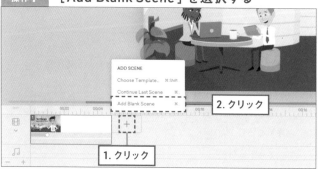

テンプレートを追加するボタン ＋ をクリックするとメニュー画面が表示されるので、［Add Blank Scene］を選択します。

空白シーンが追加されたことを確認する

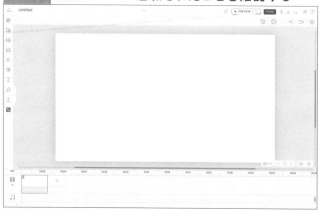

空白シーンが追加されました。最初の標準タイトルシーンを使わないのであれば、削除して完了です。

　空白シーンを追加した後は、ベースの色を変更したり（図1参照）、背景を変更して自分でテンプレートを作ったりして（図2・3参照）、自由に仕上げてください。

図1

図2

図3

◉ 動画のエンディングに使う

動画が終わる時、最後のシーンでブツッと切れるより、徐々にフェードアウトさせたいという方におすすめの方法です。

操作1 黒一色のシーンを追加する

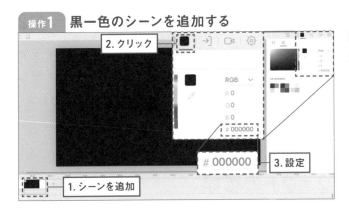

動画の一番最後に、[Add Blank Scene]を追加して、[Color]で黒（#000000）にします。

操作2 トランジションを追加する

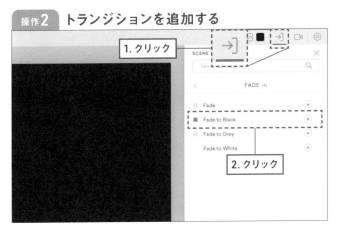

追加した黒1色のシーンに、右上の[Scene Transition] →] から[Fade to Black]を選択します。

操作3 トランジションの長さを調整する

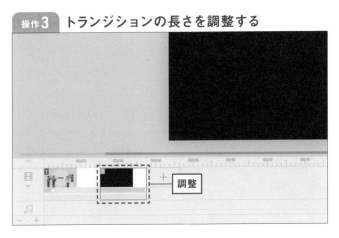

追加した[Fade to Black]の長さを、シーンの長さと同じに伸ばせば、自然に終わるエンディングが完成します。

Section 10-3 トランジション/エフェクトについて

現在VYONDに装備されているトランジション/エフェクトの数は、Prop（小道具）やキャラクターに対して78種類、テキストに対して86種類、シーンの間をつなぐものに対して93種類あります（2024年2月現在）。他の動画編集ソフトではおなじみのものから、VYOND特有のものまで、幅広く揃っているので編集しやすいでしょう。

＋ トランジション/エフェクトの種類

トランジション/エフェクトには大きく分けて2種類あります。人物やProp、テキストにつけるエフェクト［Enter Effect］［Exit Effect］と、シーン全体に対してつけるトランジション［Scene Transition］です。

◎ **Enter Effect** ：人物、Prop、テキストが登場する時の効果
◎ **Exit Effect** ：人物、Prop、テキストが退場する時の効果
◎ **Scene Transition**：シーンが切り替わる際の切り替え方の種類

名称		カタカナ	Enter/Exit Effect		Scene Transition
			テキスト	Prop、キャラクター	
フォルダ	Blinds	ブラインド	○ (2)	○ (2)	○ (2)
	Blur	ブラー	○ (2)		
	Fade	フェード			○ (4)
	Fly-out	フライアウト			○ (8)
	Hand Slide - illustration	ハンドスライド	○ (8)	○ (8)	○ (3)
	Hand Slide - Real Hand	ハンドスライド リアルハンド	○ (24)	○ (24)	○ (7)
	Iris	アイリス	○ (2)	○ (2)	○ (18)

	名称	カタカナ	Enter/Exit Effect		Scene Transition
			テキスト	Prop、キャラクター	
フォルダ	Motion Graphics	モーショングラフィック			○ (3)
	Pop	ポップ	○ (5)	○ (5)	
	Rotate	ローテート			○ (16)
	Slide	スライド	○ (11)	○ (8)	○ (4)
	Sparkles	スパークルズ	○ (2)	○ (2)	○ (2)
	Split	スプリット	○ (2)	○ (2)	○ (2)
	Squeeze	スクィーズ			○ (6)
	Stripes	ストライプ	○ (3)	○ (3)	○ (2)
	Whiteboard Animation	ホワイトボードアニメーション	○ (9)	○ (9)	
	Wipe	ワイプ	○ (8)	○ (8)	○ (8)
	Zoom	ズーム			○ (10)
単独	Blur	ブラー		○ (1)	
	Bad Transmission	バッドトランスミッション			○ (1)
	Bright Squares	ブライトスクエア	○ (1)	○ (1)	
	Bright Squares Wave	ブライトスクエアウェーブ			○ (1)
	Circular Reveal	サーキュラーリビール	○ (1)	○ (1)	○ (1)
	Dissolve	ディゾルブ			○ (1)
	Fade	フェード	○ (1)	○ (1)	
	Flip Words	フリップワーズ	○ (1)		
	Flying Words	フライングワーズ	○ (1)		
	Instant	インスタント	○ (1)	○ (1)	
	Station Panels	ステーションパネル	○ (1)		
	Typing	タイピング	○ (1)		
	Unpack	アンパック			○ (1)

※ ( ) 内の数値は、種類の数になります。
※ 2024年2月現在

✚人物やProp、テキストにEnter/Exit Effectをつける

　VYONDのテンプレートには［Enter Effect］［Exit Effect］が付いているものが多いですが、標準のエフェクトを変更したい、消したい、テンプレートに新しく追加した人物やPropやテキストのエフェクトを設定したいなどの場面が多く発生します。ここでは、テンプレート内に最初から設定されているキャラクターの［Enter Effect］を変更してみます。

　まずは下記表の通りにテンプレートを準備してください。

スタイル	Whiteboard Animation
カテゴリ	Layouts
テンプレート名	Character 2

　選択したテンプレート内の2名の［Enter Effect］を変更していきます。

操作1　タイムラインを開く

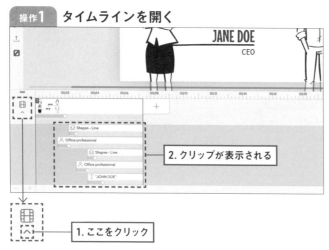

　⊞ボタンの下にある［v］をクリックすることで、テンプレートのタイムラインが開き、クリップが表示されます。

　タイムラインのスペースは、表示画面との境界線を上下に動かすことで、広さを調整する事が可能です。ただし、クリップ数が多い場合は一度で見きれないので、スクロールをして確認する様にしましょう。

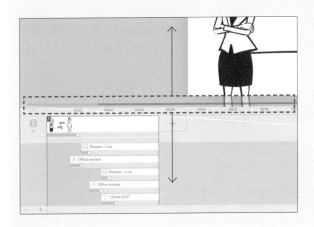

操作2　女性キャラクターのエフェクトを確認する

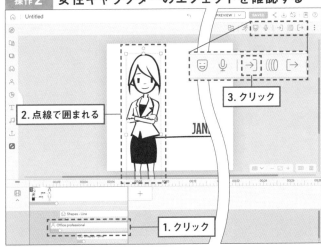

タイムラインの上部にある［Office professional］をクリックすると、女性キャラクターが点線で囲まれ、女性キャラクターのクリップであることが確認できます。そのクリップを選択したまま、画面右上の［Enter Effect］をクリックすると、［ENTER EFFECT］という欄に［Whiteboard – Real Hand］が選択されています。これが、現在女性キャラクターに設定されている［Enter Effect］になります。

　どのクリップがテンプレート内の何を表しているかわからなくなったら、クリップを選択するか、もしくはテンプレート内の対象を選択すれば、それぞれ実線 / 点線で囲まれ、すぐに判別出来ます。

Chapter
10

操作3 男性キャラクターのエフェクトを確認する

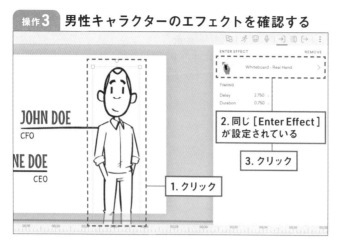

[Enter Effect] のウィンドウが出ている状態のまま、男性キャラクターを選択すると、男性キャラクターにも同じ [Enter Effect] が設定されていることがわかります。[Whiteboard – Real Hand] と書かれている箇所をクリックしてください。

💡 onepoint

クリップのイラストは、それぞれ下記の意味を表します。

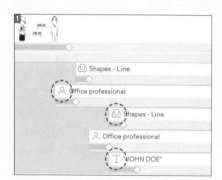

人：キャラクター
ソファー：Prop（小道具）
アルファベットのT：テキスト

操作4 [Enter Effect] を設定する

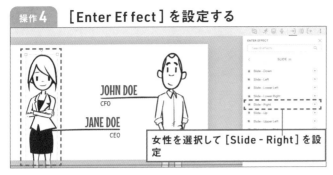

女性を選択して [Slide - Right] を設定

男性を選択して [Slide - Left] を設定

操作3で [Whiteboard - Real Hand] と書かれている箇所をクリックすると、対象に設定する事が出来る [Enter Effect] の一覧が表示されます。今回は、女性に [Slide - Right]、男性に [Slide - Left] をクリックして設定完了です。[PREVIEW] ボタンで動きを確認してみてください。

💡 onepoint

リストからエフェクトを選択すると (操作4上の画面)、[ENTER EFFCT] の欄に選択したエフェクトが表示されます (操作4下の画面)。

💡 onepoint

エフェクトを消したい場合は、[ENTER EFFECT] 欄の右上にある [REMOVE] をクリックします。

💡 onepoint

1つの動画内で、多種多様なエフェクトを使いすぎると、ごちゃごちゃして見える可能性があります。出来るかぎり、エフェクトの種類は抑えて、効果的に使用するようにしてください。

✚ シーンにトランジションを追加する

VYONDの［Scene Transition］には、ベーシックな［Fade］［Wipe］［Dissolve］から、VYOND特有のものまで、様々な種類が用意されています。ただ、片っぱしから異なる種類の［Scene Transition］を付けてしまうと、見る人はどこに注目して欲しいのかがわかりづらくなってしまいます。基本はベーシックなトランジションを、注目して欲しいシーン・場面転換をしたいシーンには目立つタイプのトランジションをつけるなど、メリハリを心がけてください。

まずは下記表の通りにテンプレートを準備してください。

スタイル	Contemporary
カテゴリ	Shopping
テンプレート名	Convenience Store

操作1　トランジションメニューを開く

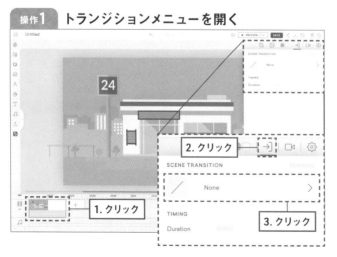

トランジションを追加したいシーンを選択してから、右上の［Scene Transition］ →| をクリックし、表示されたメニュー画面内の［SCENE TRANSITION］欄で［None］をクリックします。

操作2 トランジションを選択する

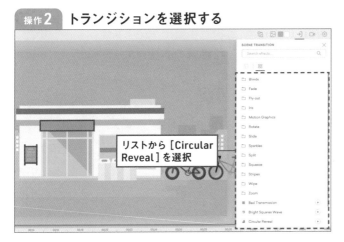

リストから [Circular Reveal] を選択

シーントランジションの一覧が表示されます。今回はリストの下部にある [Circular Reveal] を選択します。

操作3 プレビューで動きを確認する

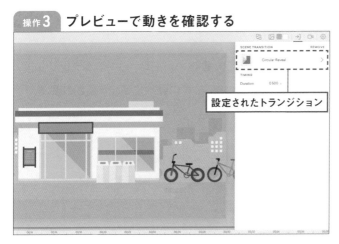

設定されたトランジション

設定完了です。[PREVIEW] ボタンで動きを確認してみてください。

🔵 onepoint

トランジションの長さを変更したい場合は、以下の2種類の方法があります。

①数字で設定する

[Scene Transition]のメニュー画面内にある[Duration]（長さ）を変更します。

②バーを伸ばす

タイムラインを見ると、緑色のバーがあります。この緑色のバーは、シーントランジションの[Duration]（長さ）を表しているので、このバーを左右に動かす事で、長さの変更が可能です。

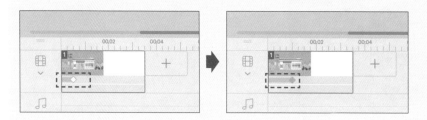

モーションパスについて

［Motion Path］とは、キャラクター・Prop・テキスト全てを、「移動させる」事が出来る機能です。1つのシーン内のA地点からB地点まで、と場所を指定する事が出来ます。動きのパターンも豊富でかなり細かな設定も可能です。

使いこなすと、VYONDのクオリティが格段に上がりますので、ぜひ覚えましょう。

✛ モーションパスの種類と設定

モーションパスには複数の種類と、各種類に対して細かく調整出来る設定があります。

◎ モーションパスの種類

モーションパスには様々な種類があり、更に各種類に対して細かく調整できるパターンや設定があります。

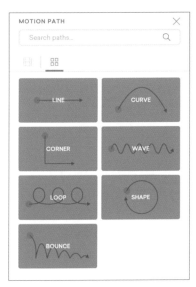

表記	カタカナ	種類	概要	使用例
LINE	ライン	8	直線の動き	走る人、車など
CURVE	カーブ	20	シンプルな曲線の動き	投げたボールの軌道など
CORNER	コーナー	8	直角に曲がる動き	地図上での人の動きなど
WAVE	ウェーブ	14	波打つような動き	鳥の飛ぶ軌道、心拍数など
LOOP	ループ	12	輪、渦巻きベースの動き	虫の飛ぶ軌道など
SHAPE	シェイプ	10	特定の図形ベースの動き	ハートや三角などに沿った動きなど
BOUNCE	バウンス	4	跳ねる、弾む動き	転がるボールや落下物の軌道など

※2024年2月現在

Chapter
10

⦿ モーションパスの設定

ベースとなる種類を選択した後、細かな設定を設定メニューで行います。

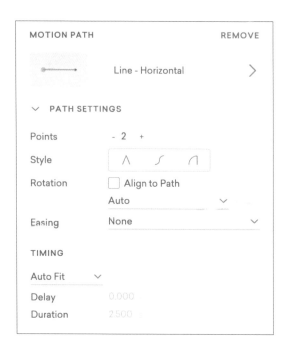

項目1	項目2	項目3	概要
PATH SETTINGS	Points		標準は始点と終点の「2」 増やすとその分細かい設定が可能となる
	Style	Angled	鋭角な動き
		Smooth Curve	滑らかなカーブ
		Sharp Curve	(Points「3」以上のみ) 始点から次のポイントまでは滑らかなカーブ、以降は鋭角なカーブ
	Rotation	Align to Path	対象物が軌跡に対して垂直に動く
		Auto	標準設定 (回転しない)
		Clockwise	設定した回数分、時計回りに回転しながら動く
		Counterclockwise	設定した回数分、反時計回りに回転しながら動く
	Easing	None	標準設定 (動きに緩急をつけない)
		Ease In	最初ゆっくり、だんだん加速する動き
		Ease Out	即座に動いてゆっくり止まる動き
		Ease In Out	徐々に動き始めて、徐々に止まる動き

TIMING	Auto Fit	対象のシーンの長さに自動で合わせる（シーンの最初から最後まで動き続ける）
	Custom	カスタム設定 選択するとDelayやDurationを数値で変更可能となる
	Delay	シーン開始から何秒後に動き始めるかの設定
	Duration	モーションパスの継続時間

✚ モーションパスを設定する

それでは実際にモーションパスを設定してみましょう。

まずは下記表の通りにテンプレートを準備してください。
選択したテンプレートの中に、飛んでいる鳥を追加します。

スタイル	Contemporary
カテゴリ	Home
テンプレート名	Backyard（2.5秒→4秒に伸ばしておいて下さい）

操作1 鳥を追加する

[Prop] をクリックして、「bird」と検索します。飛んでいる鳥を追加したいので、最初から動きがついている鳥（羽ばたいている鳥の絵）を選択してください。

操作2 鳥の大きさと動き始めの場所を調整する

鳥の動き始め（始点）の位置とサイズを調整します。

操作3 モーションパスを設定する

鳥を選択した状態で、[Motion Path] をクリックします。
[MOTION PATH] 欄の中の [None] を選択して、モーションパスの種類を選択します。ここでは [Line - Horizontal] を選択します。

操作4 鳥の動き終わりの場所を調整する

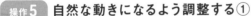

調整

鳥の動き終わり（終点）の位置を調整します。始点の鳥を選択すると終点の鳥の位置変更が出来る様になります。

操作5 自然な動きになるよう調整する①

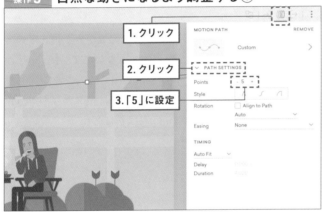

1. クリック

2. クリック

3. 「5」に設定

操作4まで終えてから［PREVIEW］すると、一定速度で一直線に飛ぶ鳥が表示されます。もう少し自然に飛ぶように調整していきます。［Motion Path］のメニュー画面を開き、［PATH SETTINGS］を開き、Pointsを「2」から「5」に増やします。なお増やした時に、終点の鳥がずれる場合がありますので、その際は調整し直してください。

⚠️ 注　意

　操作4の図の通りに斜めに飛ぶ様に調整した場合、［Motion Path］のメニュー画面を開くと、モーションパスの種類が［Line - Horizontal］ではなく［Custom］になっていますが、問題ありません。なお、水平に飛ぶ様に調整した場合は［Line - Horizontal］のままです。

操作 6　自然な動きになるよう調整する②

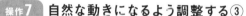

Pointsの位置を調整して、少しジグ
ザグに飛んでいる様にしてみます。

調整

操作 7　自然な動きになるよう調整する③

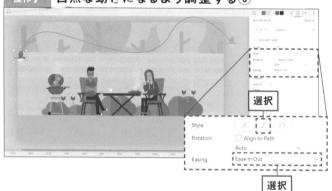

選択

Style	∧	∫	∫	∩
Rotation	☐ Align to Path			
	Auto			∨
Easing	Ease In Out			∨

選択

このままだとカクカク飛んでいて
現実的ではないので、[Style]か
ら[Smooth Curve]を選択しま
す。また、[Easing]から[Ease In
Out]を選択します。

操作 8　プレビューで動きを確認する

飛び始め（始点）や飛び終わり（終
点）、Pointsの位置などを調整し
たら完成です。
[PREVIEW]で確認してみましょう。

今回は［Ease In Out］を選択しましたが、状況や軌道によっては［Ease In］［Ease Out］が最適な場合もあります。自分のイメージする軌道や動きに近いものを選択してください。

💡 onepoint

モーションパス機能を使うと、

例えば、

- ・走る車
- ・ジョギングをする人
- ・ボールが弾みながら転がっていく
- ・俯瞰した迷路をロボットが動いていく

などの様々なシーンが作れてしまいます。ぜひモーションパス機能をマスターしてください。

AIによる動画生成機能 「VYOND GO」を 使ってみよう

「この章では、VYONDの新しいサービスとして登場した、AIによる
動画生成機能「VYOND GO」をご紹介します。
高品質なアニメーション動画を更に効率的に制作できるようになっています。

Section 11-1

「VYOND GO」AIを活用して動画を作る

VYONDの新しいサービスとして、2023年6月にAIを搭載したスクリプトおよび動画作成ツール「VYOND GO」がリリースされました。簡単なプロンプト（指示）を入力しレイアウトなどを選択するだけで、動画の初稿が自動的に生成されます。
（※この節の内容は2024年2月現在のBETA版の情報です。内容のアップデートがある可能性があります）

＋VYOND GOの使い方

操作1 VYOND GOの編集画面を開く

[＋Create]から[Create with AI]をクリックし、VYOND GOの編集画面を開きます。

操作2 Prompt（プロンプト）を入力する

VYOND GOの編集画面が開いたら、[Topic]にプロンプトを入力していきます。プロンプトとは「指示・手掛かり」という意味ですが、ここでは動画の概要を4,000文字以内のテキストで入力します。

294 Chapter 11 AIによる動画生成機能「VYOND GO」を使ってみよう

操作 3 Layout（レイアウト）を選択する

2人が会話する［Conversation］、1人で話す［Talking Head］、ナレーション［Narration］のいずれかを選択します。

操作 4 オプションの選択画面を開く

［Optional script settings］を開くと、雰囲気［Vibe］、フォーマット［Format］、言語［Language］の選択画面が開きます。雰囲気とフォーマットは作りたい動画のイメージに近いものを選択し、入力・出力の言語を選択します。

💡 onepoint

　プロンプトとして「入力した言語」と「出力する言語」は同じ言語にしましょう。異なる言語にすると精度が落ちる場合があります。

操作5 動画を生成し、プレビューする

全ての項目を入力・選択すると、[CREATE THIS VIDEO]がオレンジ色になります。ここをクリックすることで、動画が生成されます（BETA版では最長2分程度）。

操作6 動画が生成される

動画が生成されると、プレビュー画面が開きます。
左下の再生ボタンをクリックし、動画を再生してみましょう。

Section 11-2 「VYOND GO」クイック編集

VYOND GOで生成した動画は、プレビュー画面右側のパネルから、クイック編集すること
ができます。
クイック編集では、セリフ・キャラクター・音声を編集することができます。

✛クイック編集の使い方

操作1　シナリオやセリフを編集する

セリフを編集したい時は、パネル
右上の［ALL］をクリックします。
全てのセリフが表示されますので、
編集したいセリフをダブルクリッ
クすると、テキスト編集ができるよ
うになります。

操作2　キャラクターを変更する

キャラクターも変更することがで
きます。
パネル右上のキャラクターアイコン
［Scene dialog］をクリックし、
キャラクター右横の［Replace
Character］ をクリックします。

操作 3 変更したいキャラクターを選択する

キャラクターの選択画面が表示されたら、変更したいキャラクターを選びクリックします。

⚠️ 注 意

　スタイルの違うキャラクターへ変更する場合、ContemporaryとBusiness Friendlyではアクションと表情の互換性がありませんので注意しましょう。Business FriendlyとWhiteboard Animationでは互換性があります。

操作 4 音声を変更する

キャラクター選択画面の下にある[TEXT-TO-SPEECH-SETTINGS]から音声を変更することができます。音声[Voice]の初期設定では、男性が[Male-Daichi]、女性が[Female-Aoi]になっています。特に女性[Female-Aoi]は子供の声なので変更しておきましょう。言語は[Language]から、トーンやスピードを変更したい時は、[VOICE STYLE]から変更が可能です。

操作5　設定を保存する

クリック

簡易編集が完了したら、右下の
[SAVE] をクリックして編集内容
を保存しましょう。

Chapter
11

「VYOND GO」 Vyond Studioで編集する

VYOND GOで生成した動画は、通常の動画と同様にVyond Studioで編集することができます。

VYOND GOを初稿段階とし、編集画面で更に完成度を上げてみましょう。

✚VYOND GO/Vyond Studioで編集する

操作1 [EDIT VIDEO]をクリックする

右上 [EDIT VIDEO] から [Full edit in Vyond Studio] をクリックします。

操作2 最新の変更を保存する

「ビデオを閉じる前に、最新の変更を保存しますか?」というメッセージが表示されたら、[SAVE AND CLOSE] を選択します。

操作 3 Vyond Studio で編集する

VYOND GO で作成した動画のデータが保存され、Vyond Studio の編集画面が開きます。

あとは通常と同じように編集を進めて下さい。

AI の進化とともに、VYOND GO も日々進化しています。

アップデート情報をこまめにチェックしながら、効率的に動画を制作しましょう。

⚠ **注　意**

　VYOND GO は1日の使用回数に制限がありますので、利用時には注意しましょう（2024年2月現在、Professional 版の場合は1日5回まで）。

もっと詳しく知ろう
（応用編）

この章ではVYONDを作り始めるとぶつかる壁の解消方法や、
知っていると効率的に作れて便利な手法などについて詳しく解説いたします。

12-1 Continue Last Scene を使いこなす

[Continue Last Scene] とは、「直前のシーンの最後の部分を引き継いだシーン」を作ることが出来る設定です。VYOND独自の設定なので、最初は使い慣れないかもしれませんが、使えると表現の幅が広がります。

＋Continue Last Sceneでできる事

[Continue Last Scene] を実際に使ってみましょう。ストーリーとしては、「荷物を運んだドローンが着陸→空になったドローンが離陸」というシンプルなものです。

まずは下記表の通りにテンプレートを準備してください。

スタイル	Contemporary
カテゴリ	drone
テンプレート名	Drone Delivery

操作1 Enter Effect を確認する

まずは選択したテンプレートの中身（どんなエフェクトが付いているか）を確認します。

[Slide Down] の Enter Effect が付いている

Enter Effect の長さは、シーンの最初から1.583秒間

操作2 Continue Last Scene を選択する

テンプレートを追加するボタン ＋ をクリックすると［Continue Last Scene］と表示されるので、選択するとシーンが追加されます。

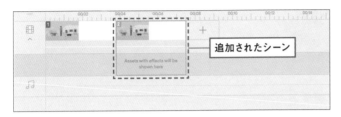

💡onepoint

テンプレートを追加するボタン ＋ をクリックすると［Continue Last Scene］と表示されますが、引き継ぎたい直前のシーンを右クリックすると［Continue Scene］と表示されます。混乱しがちですが、意味や役割は全く同じです。［Continue Scene］は、引き継ぎたい直前のシーンの後方の編集を既に進めてしまっている場合などに使います。

操作3 ドローンをReplaceする（荷物あり→荷物なし）

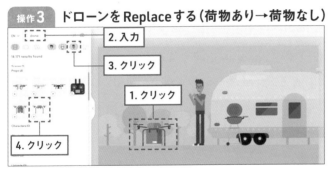

2つ目のシーンを編集します。まずはドローンを、「荷物あり」から「荷物なし」に変更します。

シーンの中のドローンを選択してから、右上の［Replace］ 🔳 を選択すると、［Prop］のメニュー画面が開きます。検索窓で「drone」と入力すると、［Contemporary］スタイルの中に「荷物なし」のドローンが出てくるので、選択するとドローンが入れ替わります。

Chapter
12

操作4 Exit Effectを設定する

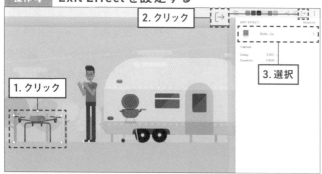

ドローンを離陸させるため、到着と逆の［Exit Effect］を追加しましょう。

2つ目の空のドローンを選択して、［Exit Effect］⇨ から［Slide Up］を選択します。

操作5 Exit Effectの長さを変更する

［Slide Up］の標準は0.5秒に設定されているので、タイムライン上で調整して下さい（メニュー画面で変更しても構いません）。

ここでは「2.0秒」に変更していますが、自分が最適だと思う長さを選んでみてください。

🔅onepoint

［Scene Transition］で［Dissolve］や［Fade to White］を入れたり、2つ目のシーンの男性の［action］を［Greeting］などに変更すると、シーンの間が更に自然につなげられるのでおすすめです。

Section 12-2 オブジェクトの一括変更

途中まで作ってしまってから、やっぱり登場人物を入れ替えたい・髪型や服装を変更したいという時、1シーンごとに[Replace]するのは非常に大変です。そこで、登場人物やPropを、動画全体で一気に変更する便利な方法があるので、ぜひ覚えましょう。

＋一気に登場人物やPropを入れ替える方法

　VYONDのContemporaryテンプレートでよく見るメガネにスーツの男性を、別の登場人物に一括変更してみます。

　まずは下記表の通りに3つのテンプレートを準備してください。「CONCEPTS」というカテゴリ内に並んでいます。下記画像を参考に探してください。

スタイル	Contemporary	
カテゴリ名	CONCEPTS	
テンプレート名	①	Good vs bad
	②	Got an idea
	③	Growing profits

操作1 一括変更したテンプレートを選択する

[Shift] キーを押しながらクリック

テンプレートが3つ並んでいる左図の状態を [Stage View] と言います。これを [Asset View] に変更します。まずは、一括変更したいキャラクターがいるテンプレートを全て選択します（[Shift] キーを押しながらクリック）。

操作2 Asset View を選択する

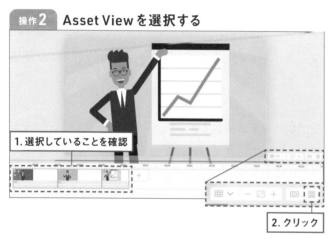

1. 選択していることを確認

2. クリック

テンプレートを選択した状態で、右下にある [Asset View] を選択します。

操作3 変更元の対象を選択する

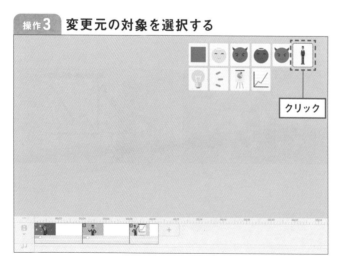

クリック

[Asset View] にすると、選択したテンプレートの中に存在する「Asset」すなわち変更可能なモノが、一覧になって表示されます。ここでは「男性キャラクター」を変更したいので、男性キャラクターを選択します。

Chapter
12

操作4 [Replace]をクリックする

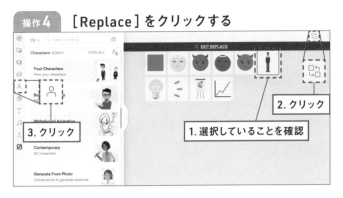

男性キャラクターを選択したまま、右上の[Replace] をクリックすると、[Prop]のメニューが開くので、[Character]を選択します。

操作5 変更先の対象を選択する

[Character]の中から、一括変更したいキャラクターを選びます。ここでは[OFFICE]カテゴリ内にある既存のキャラクターを選択しましたが、自分で作ったオリジナルキャラクターに入れ替えることも可能です。

最後に、画面右下で[AssetView]から[StageView]に戻せば完了です。

例えば［Business Friendly］テンプレートのキャラクターを、［Contemporary］のキャラクターに一括変更した場合（またはその逆の場合）、元のテンプレートのキャラクターと同じ［action］が適用されない場合があります。これは、スタイルによって、キャラクターに適用できる［action］が異なる事が原因です。［action］が適用されない場合は、似たような［action］を自分で選び直してください。

例）［Business Friendly］スタイルの［Desperate］テンプレートに、［Contemporary］スタイルのキャラクターを一括変更／［Replace］した場合

①［Business Friendly］スタイルの［Desperate］テンプレートに［Contemporary］スタイルのキャラクターを一括変更／［Replace］すると、［action］が適用されない

②似たような［action］を自分で選び直す

Section 12-3 スクリーンを全体表示にする

編集に夢中になって拡大縮小を繰り返していると、標準のスクリーンの大きさがわからなくなることがあります。そんな時、ボタン1つで標準のサイズと位置に戻せる便利な方法があります。

＋ スクリーンを全体表示に戻す方法

[Business Friendly] を [＋Create] で開いてください。テンプレートは特に選択しないで構いません。

操作1 わざと困った状態を作り出す

クリック

まずは「標準のスクリーンの大きさがわからなくなってしまった」状態を作り出します。右下の [Zoom in] を何度もクリックして、テンプレートを拡大したり、ちょっとずらしたりしてみましょう。

操作2 [Fit to screen] をクリックする

クリック

右下にある [Fit to screen] 🔲 をクリックすると、標準のサイズと位置にすぐに戻ります。
たったこれだけですが、覚えておいて損はない便利機能です。

Chapter 12

Section 12-4 Instant（インスタント）を使いこなす

［instant］＝瞬時に、という名前を持つこの機能は、VYOND特有のものです。

［instant］エフェクトは、対象を「指定した瞬間に現す/消す」機能です。［Enter Effect］に設定した場合は「現す」、［Exit Effect］に設定した場合は「消え」ます。

この機能を使うと、キャラクターやPropにより動きをつけられるので、表現方法が広がります。ぜひ使いこなしましょう。

＋ シーンの途中で表情と動きを切り替える

　［instant］機能を使って、1つのシーンの中でキャラクターの表情と動きを切り替えてみます。

　まずは下記表の通りにテンプレートを準備してください。

スタイル	Contemporary
カテゴリ	join
テンプレート名	Join us now（3.5秒から6秒に延ばしておいてください）

右側のキャラクター

左側のキャラクター

まずはタイムラインを開いて、中身を確認します。クリップをクリックすると、上の [Office professionalworker] が右側のキャラクター、下の [Office professionalworker] が左側のキャラクターのクリップだとわかります。

操作2　対象物をコピー＆ペーストする

コピーされた
キャラクター

キャラクターのクリップが
4つに増えている

登場するキャラクター2人をコピー＆ペーストします（同時でも別々でも可）。すると、元のオブジェクトよりも右下の位置にコピーされます。

💡onepoint

　シーン上で選択してコピー＆ペーストすることも、クリップを選択してコピー＆ペーストすることも可能です。

onepoint

VYONDではキャラクターやPropをコピー＆ペーストすると、必ず元のオブジェクトより
も右下の位置にコピーされます。これは、コピー前・後のオブジェクトを選択しやすくする
ためと思われます。

操作3 複製した対象物の位置を調整する

複製したキャラクターの位置を調整

連続した動きをさせたいので、新たに複製したキャラクター（右下にペーストされたもの）の位置を、元のオブジェクトの位置に合わせます。複製した方のキャラクターを選択したら、[Shift] キーを押しながら [←] [↑] を押すと、元の位置に合わせられます。

onepoint

[Shift] を押さずに移動させる場合は、[←] を10回、[↑] を10回押して移動させる事で、
元の位置に合わせられます。

操作4 クリップの長さを調整する

シーン前半の「3秒」に調整

シーン後半の「3秒」に調整

タイムライン上でクリップの長さをドラッグして調整します。
コピー元のクリップ2本の長さは、シーン前半の「3秒」になるように短くします。
複製したクリップ2本の長さは、シーン後半の「3秒」になるように短くします。

onepoint

複製した方のクリップは、元のクリップのすぐ下に追加されます。

onepoint

コピー元のクリップを選択してみると、[Exit Effect] に自動的に [instant] エフェクトが設定されているのがわかります。これは、タイムライン上でクリップの長さを少しでもドラッグすると、自動的に [instant] エフェクトが設定されることによるもので、問題ありません。なお、これが原因となるエラーの解消方法については、P317で解説します。

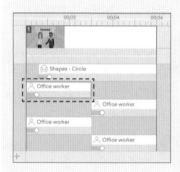
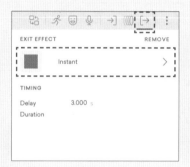

操作5 複製した対象物の action を変更する①

複製したクリップのキャラクター 2 つの [action] を変更します。まずは右側のキャラクターです。[Shaking hand] から [Greeting] に変更してください。

⚠ 注 意

右側と左側のキャラクターで設定する [action] 名は、両方同じ [Greeting] ですが、別のアクションです。それぞれ操作5、操作6の画像を見て、間違えずに選択してください。

操作6 複製した対象物のactionを変更する②

続いて、左側のキャラクターの[action]を[Shaking hand]から[Greeting]に変更します。

操作7 複製した対象物の表情を調整する

[action]を変更した事により、左のキャラクターの表情が変わってしまいましたので、変更しましょう。左のキャラクター（複製した方）を選択してから、[Expression]で[Smiling]を選択します。

操作8 Enter Effectをinstantに変更する

この状態で[PREVIEW]を押すとわかりますが、コピー元と複製後の両方に同じ[Enter Effect]が付いてしまっており。連続しないおかしな動画になってしまっています。そのため、複製後のキャラクター2つの[Enter Effect]を変更します。
右側のキャラクターを[Slide Left]から[instant]に変更してください。左側のキャラクターは[Slide Right]から[instant]に変更します。
完成したら、[PREVIEW]で確認してみましょう。

もしここで［Enter Effect］を［REMOVE］（除外/削除）してしまうと、タイムライン上から
クリップが消えてしまいます。タイムライン上に表示されるクリップには、何かしらの［Enter/
Exit Effect］が付いている事が条件だからです。もし消えてしまった場合は、「⌘+Z」（Winは
「Ctrl+Z」）で戻すか、複製した方のキャラクター（ここではシーン上で手を振っているキャラク
ター）を選択し、［Enter Effect］に［instant］を付ければ、タイムライン上に再表示されます。

➕ [Continue Last Scene] をしたのに、前のシーンから引き継がれないものがある

　［Continue Last Scene］を使った時、前のシーンにあったものが引き継がれない
という事態が発生し、困った方がいるかもしれません。これは［instant］が原因です。
［instant］機能を設定した覚えがなくとも、前のシーンのタイムライン上でPropかキャラ
クターのクリップの長さを少しでも動かしていれば、この現象が起きてしまいます。［Exit
Effect］が付いていないクリップの長さを、一度でも縮めたり伸ばしたりすると（ドラッグ
すると）、自動的に［Exit Effect］に［instant］エフェクトがかかってしまいます。

　［Exit Effect］に［instant］エフェクトが設定されているクリップは、［Continue Last
Scene］を使った際、絶対に次のシーンに表示されません。何か変だと思ったら、必ず前
のシーンの対象のクリップの［Exit Effect］に［instant］が付いていないか確認する様に
しましょう。

　この状態を実際に再現してみます。
　まずは下記表の通りにテンプレートを準備してください。

スタイル	Contemporary
カテゴリ	answer
テンプレート名	Question and answer

操作1　Continue Last Scene を選択する

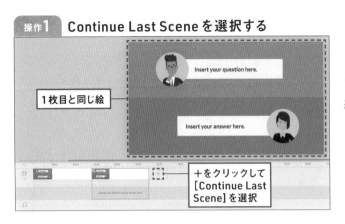

1枚目と同じ絵

＋をクリックして [Continue Last Scene] を選択

まずは何もいじらない状態で、[Continue Last Scene] を選択してみてください。1枚目と全く同じ絵が表示されると思います。

操作2　Exit Effect を確認して、2枚目を削除する

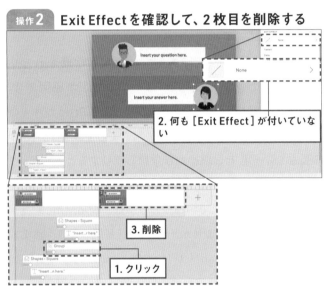

2. 何も [Exit Effect] が付いていない

3. 削除

1. クリック

続いて、1枚目の女性キャラクターのクリップにも何も [Exit Effect] が付いていないことも確認してください。確認出来たら、2枚目のシーンは削除しておきましょう。

操作3　わざとクリップを左右にドラッグする

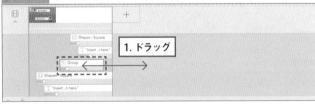

1. ドラッグ

2. シーンの最後の長さに揃える

では、「下の女性が登場するタイミングを変更する」想定でクリップを動かしてみましょう。その際、わざとクリップの最後を左右にドラッグして下さい。その後、対象のクリップの最後は、シーンの最後の長さに揃えておいてください（誤って最後を触ってしまって、慌てて長さを元に戻したイメージです）。

Chapter
12

操作4　Continue Last Scene の失敗を確認する

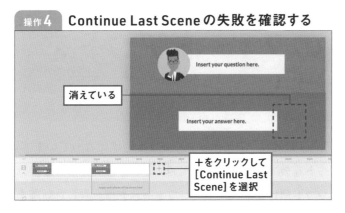

消えている

＋をクリックして
[Continue Last
Scene]を選択

再度、[Continue Last Scene]を
選択してください。先ほどクリップ
の最後を左右にドラッグした女性
が消えてしまっています。動かした
後、きちんとクリップの長さを揃え
ていたのに、なぜでしょうか。

操作5　女性の Exit Effect を削除する

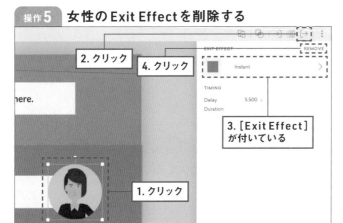

2. クリック

4. クリック

3. [Exit Effect]
が付いている

1. クリック

再度、1枚目の女性のクリップを
選択してみましょう。すると、操作
1では [Exit Effect] が付いていな
かったのに、今は付いてしまって
いる事が確認できます。
[instant] の右上にある [REMOVE]
をクリックして、女性のクリップか
ら [Exit Effect] を削除しましょう。

操作6　再度 Continue Last Scene で成功を確認する

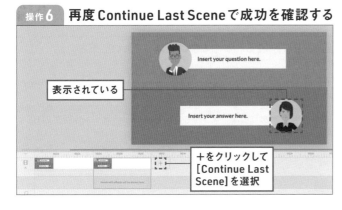

表示されている

＋をクリックして
[Continue Last
Scene]を選択

改めて [Continue Last Scene] を選
択してみると、2枚目に女性キャラ
クターがきちんと表示されました。

　自分でも知らないうちに触ってしまい、[instant] が追加されてしまったというケースは
よく発生します。[Continue Last Scene] で表示されないものを見つけた時は、焦らずに
元のシーンで [Exit Effect] に [instant] が付いているものがないか、確認する癖をつけ
てください。

BGMのフェードアウトを消したい

VYONDのBGMは、動画の最後に"自動的に"フェードアウトする仕様になっています。2024年2月現在、このフェードアウトを外すことは出来ません。それでも例えば、最後はプツッと音を切りたい、他の編集ソフト用に書き出すため、フェードアウト無しで動画を終わらせたいといった方は、下記の手順で対応して下さい。

✚ 動画最後のBGM自動フェードアウトの対策

対処方法としては2通りあります。

① BGMよりもシーンを2秒ほど長く設定する → エクスポートしてトリミングする
② 最後のシーンの後ろに、blankシーンを追加する → エクスポートしてトリミングする

まずは下記表の通りにテンプレートを準備してください。

スタイル	Business Friendly
カテゴリ	party
テンプレート名	Christmas – Party（2.5秒から5秒に延ばしておいて下さい）
BGM検索文言	merry
BGM名	We Wish You a Merry Christmas（Jazz Classic）

※著作権の関係で、該当BGMが削除されている場合があります。見つからない場合は、任意の1分程度のBGMを選択して下さい。

◉① BGMよりもシーンを2秒ほど長く設定する

操作1 BGMの長さとシーンの長さを揃える

5秒の長さで[split]

BGMの長さを整えます。シーンと同じ長さである「5秒」の長さで[split]して、5秒以降は削除してください。それから[PREVIEW]ボタンを押してみましょう。シーンの最後1.5秒ほどがフェードアウトされているのがわかります。

操作2 シーンの長さを2秒延ばす

「7秒」まで延ばす

BGMの長さは変えずに、シーンの長さを2秒延ばして下さい(5秒→7秒にする)。
もう一度[PREVIEW]ボタンを押してみましょう。操作2で追加した2秒は無音になりますが、BGMがフェードアウトせずに「プツッ」と切れているのがわかります。後はエクスポートしてから、他の編集ソフトで最後の2秒をトリミングすれば完成です。

◉② 最後のシーンの後ろに、blankシーンを追加する

操作1 BGMの長さとシーンの長さを揃える

5秒の長さで［split］

①の操作1と同様に、BGMの長さ
を5秒に整えて下さい。

操作2 空白のシーンを後ろに追加する

2. クリック

1. クリック

［Add Blank Scene］で空白のシー
ンを追加します。

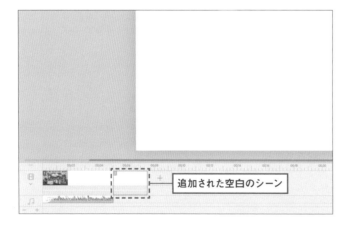

追加された空白のシーン

操作3 PREVIEWで確認する

［PREVIEW］ボタンを押してみましょう。①同様、空白シーンの2.5秒は無音ですが、1枚目のシーンの間はBGMがフェードアウトせずに鳴り続けています。後はエクスポートしてから、他の編集ソフトで最後の2秒をトリミングすれば完成です。

ショートカットを使いこなす

他の編集ソフトに慣れている人からすると少ないですが、VYONDにもショートカットキーは存在します。少しでもVYONDを使いこなすために、ショートカットキーは覚えておいて損はないです。

➕ キーボードショートカット一覧

	動作	Mac	Windows
全体	保存	⌘ + S	Ctrl + S
	選択の解除	esc	ESC
プレビュー	再生 / 一時停止	Space	Space
編集	切り取り	⌘ + X	Ctrl + X
	コピー	⌘ + C	Ctrl + C
	貼り付け	⌘ + V	Ctrl + V
	取り消し (Undo)	⌘ + Z	Ctrl + Z
	削除	delete	Delete
形状変更、移動	縦横比自由に拡大 / 縮小	Hold Shift + Drag	Hold Shift + Drag
	中央から拡大 / 縮小	Option + Drag	Drag
	中央から縦横比を自由に拡大 / 縮小	Shift + Option + Drag	Shift + Alt + Drag
	水平 / 垂直に固定移動	Shift	Shift
	45度ずつ回転させる	Shift + Drag Rotate Handle	Shift + Drag Rotate Handle
	1px単位で上に移動	↑	↑
	1px単位で下に移動	↓	↓
	1px単位で左に移動	←	←
	1px単位で右に移動	→	→

形状変更、移動	10px単位で上に移動	Shift + ↑	Shift + ↑
	10px単位で下に移動	Shift + ↓	Shift + ↓
	10px単位で左に移動	Shift + ←	Shift + ←
	10px単位で右に移動	Shift + →	Shift + →
重ね順	最前面に移動 (Move to Front)	⌘ + Shift + ↑	Ctrl + Shift + ↑
	前面に移動 (Move Forward)	⌘ + ↑	Ctrl + ↑
	背面に移動 (Move Backward)	⌘ + ↓	Ctrl + ↓
	最背面に移動 (Move to Back)	⌘ + Shift + ↓	Ctrl + Shift + ↓
グループ化	Group グループ化	⌘ + G	Ctrl + G
選択	全て選択	⌘ + A	Ctrl + A
	複数選択	Shift + Click	Shift + Click
タイムライン <シーン>	次のシーンへ	→	→
	前のシーンへ	←	←
	シーンを左に移動させる	⌘ + ←	Ctrl + ←
	シーンを右に移動させる	⌘ + →	Ctrl + →
	連続したシーンを選択①	Shift + →	Shift + →
	選択した連続シーンの端から選択を除外	Shift + ←	Shift + ←
	連続したシーンを選択②	Shift + Click	Shift + Click
	複数のシーンを選択	⌘ + Click	Ctrl + Click
	全てのシーンを選択	⌘ + A	Ctrl + A
タイムライン <オーディオ>	1フレーム進む（動かす）	→	→
	1フレーム戻る（動かす）	←	←
	5フレーム進む（動かす）	Shift + →	Shift + →
	5フレーム戻る（動かす）	Shift + ←	Shift + ←
	オーディオ設定 （setting）	⌘ + Shift + A	Ctrl + Shift + A

※青文字はマウスやトラックパッドを使った操作
※AnimeDemo社HP参照（https://animedemo.com/trial/shortcut/）

Chapter
12

Section 12-7 カメラ機能を使用した際の字幕追加方法

第10章でも触れましたが、カメラのズーム機能を使用した場合、字幕の追加が非常に困難となります。時間と手間がかかる上に、完璧ではありません。そのため、ズーム機能を使用した場合は、外部の編集ソフトを利用して字幕を追加する事をおすすめしますが、どうしてもVYOND内で完結させたい場合の方法をお伝えします。

➕ カメラ機能を使用した際の字幕追加方法

　1シーンごとの作業が必要になるため、ズーム機能を利用したシーン数が、対象の動画の中で非常に少ない場合のみ、下記の方法を使うようにして下さい。

　追加方法としては、2パターンあります。どちらも一長一短ですので、ご自身のやりやすい方を選択して下さい。

◎ **パターンA**：前のシーンと比較しながら、手動で調整する

◎ **パターンB**：スクリーンショットを貼り付けて、それに合わせて手動で調整する

　まずは下記表の通りにテンプレートを準備してください。またこの際、同じテンプレートをタイムラインに2つ並べて下さい。

※コピー＆ペーストでも、［Continue Last Scene］でも可

スタイル	Contemporary
カテゴリ	meeting
テンプレート名	Meeting room

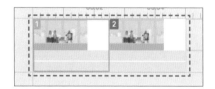

Chapter 12

◉ 字幕追加のための準備（パターンA・B共通操作）

操作1　字幕のベースを追加する

まず、1つ目のシーンに字幕を追加します。

[Prop] 🪑 から「square」で四角を検索し、[Shift]キーを押しながら細長く変形させて画面下部に置きます。その後、画面右上のメニューで色を濃い色に変更してください。

> ⚠ **注　意**
>
> ベース（座布団）の幅が「シーンの外側に飛び出ない」様に気をつけて下さい。「どうせ表示されないから」と雑に進めてしまうと、後の作業に影響します。

操作2　字幕を追加する

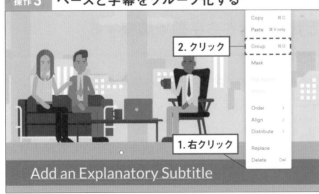

続いて、[Text] 🇹 から最適と思うテキストテンプレートを選択し、座布団の上に配置します。

操作3　ベースと字幕をグループ化する

操作1で追加したベース（座布団）とテキストをグループ化すれば、1つ目のシーンへの字幕追加は完了です。

Chapter
12

操作4　2つ目のシーンにカメラを追加する

1. クリック

2. クリック

3. トリミング

2つ目のシーンにカメラを追加して、画面をトリミングします。

onepoint

字幕をつけるとわかっていてズームインする時は、VYOND内で字幕を完結させるかどうかに関わらず、画面下部に字幕が入る事を常に意識して、画角を決める様に心がけて下さい。

操作5　1枚目の字幕を2枚目に追加する

コピー&ペースト

Add an Explanatory Subtitle

2つ目のシーンに、1つ目のシーンの、操作3でグループ化した字幕をコピー&ペーストで反映させます。この状態で［PREVIEW］をしても、2つ目のシーンに貼り付けた字幕は、「オレンジ色のカメラの枠外」なので、表示されません。

◉ パターンA：前のシーンと比較しながら手動で調整する

直前の操作5からの続きになります。

字幕を表示させるためには、オレンジ色のカメラ枠の中に入れる必要があるので、グループ化した字幕をオレンジ枠の中に入れていきます。

2つ目のシーンの字幕をオレンジ枠の中に入れるために、四隅をドラッグして縮小させます。まずは見当で置いてから、［PREVIEW］してみて下さい。おそらく前のシーンと位置がずれていると思います。

前のシーンとの字幕の位置がちょうど良くなるよう、1pxずつ地道に位置を調整して下さい。これを全ての対象シーンで行います。

↓ [PREVIEW] すると

1つ目のシーン　　　　　　　　　　　　　　　　2つ目のシーン

位置を調整

Add an Explanatory Subtitle　　　　　　　Add an Explanatory Subtitle

↓
位置が合うように微調整する

◉ パターンB：スクリーンショットを貼り付け、手動で調整

ここからは「パターンB」の方法です。

まずは1つ目のシーンのスクリーンショットを撮ってから、操作1以降で調整していきます。

◎ スクリーンショットのショートカット：

Mac： Shift + ⌘ + 4 もしくは Shift + ⌘ + 5

Win： Windows + Shift + S（Windows 10以降の場合）

元画面

スクリーンショット

操作1 スクリーンショットをアップロードする

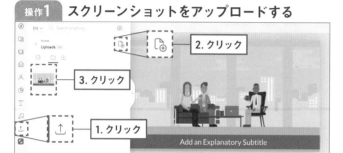

2. クリック

3. クリック

1. クリック

[Upload] ⬆ をクリックし、[UploadFile] からスクリーンショットを選択してアップロードしてください。

操作2 アップロードしたスクリーンショットを追加する

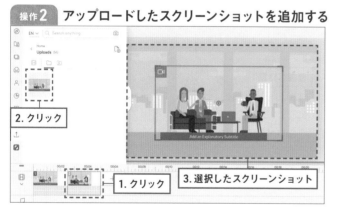

2. クリック

1. クリック

3. 選択したスクリーンショット

2つ目のシーンを選択してから、先ほどアップロードしたスクリーンショットを選択します。すると、2つ目のシーンの上を、選択したスクリーンショットが完全に覆います。

Chapter
12

⚠ 注 意

　全く同じシーンの場合、本当に覆っているか非常にわかりづらいですが、シーンの四隅にドラッグ可能な印がついているかどうかで判別可能です。カメラのオレンジ色の枠は、スクリーンショットの上からも表示されるので、まだ追加されていないと思って、何度もスクリーンショットを選択してしまうと、何枚も同じ画像が重ねられる事になりますので注意してください。

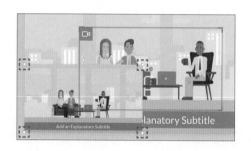

操作3　スクリーンショットをオレンジ枠の中にはめる

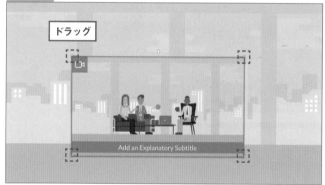

四隅をドラッグし、カメラのオレンジ色の枠の中にぴったりはまるように調整して下さい。

操作4　字幕のサイズや位置を調整する

2つ目のシーンにコピー＆ペーストした字幕を、枠の中に入れたスクリーンショットの字幕と同じ位置と大きさになるまで、縮小 / 位置調整をします。

Chapter
12

💡 onepoint

位置調整中、もしスクリーンショットよりも背面に字幕が入ってしまっている場合は、右クリック→［Order］→［Bring to Front］で前面に戻します。

操作5 **スクリーンショットを削除する**

この辺りをクリックしてスクリーンショットを選択し、［delete］

ぴったり同じ位置と大きさになったら、スクリーンショットを削除して完成です。
［PREVIEW］して位置がずれていないか確認して下さい。

⚠ 注 意

パターンAもBも完璧ではありません。スクリーンショットを枠に合わせる際にずれることもありますし、字幕の位置や大きさも、前のシーンと比較して少しでもずれていると、［PREVIEW］時に違和感が出てしまいます。そのため、この方法は、どうしてもVYOND内で全て完結させたい場合の最後の手段として、参考程度に考えてください。

Section 12-8 効率的に作成をする

VYOND編集を効率的に進めるために、テンプレートの活用は必要不可欠です。VYONDにはテンプレートが約2,000種類用意されていますが（2024年2月現在）、英語なので検索がしづらい、目当てのテンプレートが見つからないなど悩みもあると思います。ここでは、シンプルな検索方法から、膨大な数かつ複雑なテンプレートを公式に「パクる」方法までお伝えします。

✛ 必要なテンプレートを検索する

テンプレートの検索方法には、大きく分けて2種類あります。

①動画のイメージがあり、イメージに当てはまるテンプレートを検索したい時の方法
②動画のイメージがなく、どこから手をつけていいかわからない時の方法

①	動画のイメージがある	特定の単語を検索
		イメージの単語を検索
②	動画のイメージがない	Product Releases
		Template Library

Chapter
12

◎① イメージがある場合（特定の単語を検索）

　シナリオに対して動画のイメージがあり、そのイメージに当てはまるテンプレートを検索したい時の方法です。

　例えば、会議風景や仕事風景をイメージしており、「会議」「仕事」「パソコン」「会社」などを検索したい場合は、対応する英単語を入力するだけなので簡単です。

　英語が苦手な人は、下記のページを常に別タブで開いていると、作業が楽になりおすすめです。

| 1 | Google 翻訳 | 「Google 翻訳」と検索 |
| 2 | DeepL1 | https://www.deepl.com/translator |

💡onepoint

　思いついた関連する単語は、全て入れてみるのがポイントです。
例えば「結婚式」であれば「教会(church)」「花嫁(bride)」、「旅行」であれば「飛行機(airplane)」「ホテル(hotel)」「電車(train)」などです。

◎① イメージがある場合（イメージ単語を検索）

　「人が多い/少ない」「明るい/暗い/悩んでいる」「残業が多い」「疲れている」「やる気に溢れている」のような雰囲気を表す単語しか出てこない場合も、そのまま対応する英単語を入力するだけで、検索できます。特にビジネスアニメーションでよく検索されそうなイメージ単語をまとめてみましたので、参考にしてください。

	日本語	英語
1	明るい	happy, cheer
2	暗い、悩む	dark, worry, trouble, desperate
3	残業	overtime
4	やる気	motivation, inspiration,
5	疲れ	tired
6	人が多い	crowd
7	発表、プレゼン	announcement, presentation
8	急ぐ、スピード	speed
9	比較	compare
10	セキュリティ	security

※2024年2月現在でテンプレート検索結果が存在する単語のみを表示

　上記以外でも、カテゴリの「Concepts」や「Points」「Procedure」（[Contemporary]スタイルのみ）などに、使い勝手の良いテンプレートが格納されている事が多いので、確認してみてください。

💡 onepoint

　例えば「伝えたい事が3項目ある」場合は「3」と検索しても大丈夫です。要素が3つに分かれているもの、画面が3分割されているものなどが表示され、イメージがわきやすいです。とにかく思いついた単語で検索するのがコツです。

◉ ② イメージが無い場合

　動画のイメージがなく、どこから手をつけていいかわからない時の方法です。

　例えばシナリオが「文字ベース」でイメージがわかない、どうすればいいのか見当もつかないといったような時は、VYONDのプロが用意してくれている動画を見る事で、想像力を刺激するのが効果的です。

　更にVYONDのすごいところは、プロが用意した動画を「自由にコピーしてOK」な事です。タイムラインの中身を見ると、こんなスキルを使っているのかと感心したり、驚いたりしま

す。また、季節のイベントや時節柄の行事などのテンプレートが定期的にアップされたり、AIとの連携による新機能も続々とリリースされています。ぜひプロの作成したテンプレートから編集スキルを学んだり、転用させてもらって自分の動画のレベルを上げましょう。

Product Releases	過去のアップデート情報が全て掲載されている上に、各機能を使ったサンプルテンプレートが時系列に格納されている。毎月、新しいキャラクターやProp、テンプレートやBGMに効果音が追加される。ただし、検索機能はない。
Template Library	「Product Releases」の掲載動画も含めて、VYONDの中のクリエイターが作成した動画が保管されている。単語検索に加えて、職業別やカテゴリ別、スタイル別の検索も可能。

Product Releases

Template Library

◉ Product Releases と Template Library への行き方

ホーム画面と編集画面、どちらからも表示することができます。

どちらの場合も、右上の [Help] ⑦ をクリックすると出てくるメニュー画面から選択します。

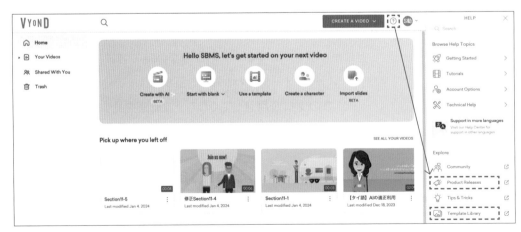

ホーム画面から

編集画面から

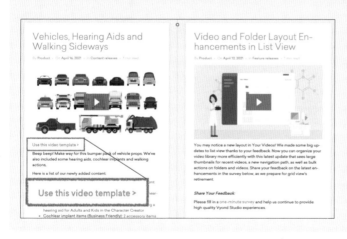
Chapter 12

onepoint

　2021年7月以降、VYONDのテンプレートやProp、Actionなどの一部について「日本語検索」が出来る様になっています。また、サポートセンターページも日本語翻訳版が公開されています（ただし、個別問い合わせは英語のみ）。

　全ての単語が検索できるわけではないですが、英語に苦手意識がありVYONDを避けていた…という人には朗報です。まだ発展途上ではありますが、検索可能な単語も順次増えていくとの事ですので、これからのアップデートに期待しましょう。

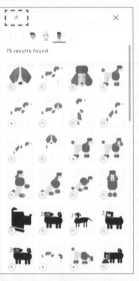

Section 12-9 PowerPoint データを取り込む

今まで PowerPoint で展開していた資料を動画にしたいというニーズも増加している中、VYOND では PowerPoint 資料を直接取り込んで動画にすることもできます。ただ、まだ Beta 版のため機能として不足もありますので（2024年2月現在）、今後の参考までにご紹介します。

＋PowerPoint を取り込む

[Import Slides] から PowerPoint 資料を取り込むことができます。

まずは動画にしたい PowerPoint 資料を準備して下さい。動画にする場合には、資料1枚あたりの情報量が多すぎないよう、事前に調整しておくことをおすすめします。

操作1 ［Import Slides］をクリックする

ホーム画面で［＋Create］をクリックし、［Import Slides］をクリックします。

操作2 PowerPoint 資料をアップロードする

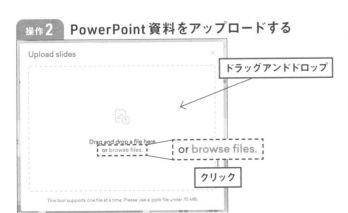

ファイルのアップロード画面が開きますので、ドラッグ＆ドロップもしくはフォルダを開き PowerPoint 資料をアップロードします。

[VIEW IN NEW TAB] をクリックする

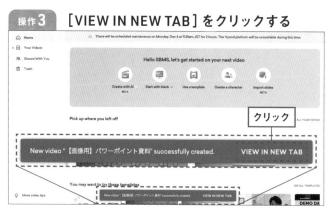

アップロードが完了すると、画面最下部に「New video"資料名"successfully created. VIEW IN NEW TAB」というメッセージが表示されます。

メッセージ内の [VIEW IN NEW TAB] をクリックすると、編集画面に遷移します。

🔆 onepoint

[VIEW IN NEW TAB] をクリックする前にメッセージが消えてしまった場合は、ホーム画面から確認することができます。

操作4 **PowerPoint が取り込まれたことを確認する**

編集画面に遷移すると、取り込んだPowerPointが1スライドごとにタイムラインに並んでいると思います。あとは通常のVYONDと同じ操作感で編集することが可能です。

⚠ 注 意

PowerPointの形式が大幅に崩れる場合もありますので、PowerPoint自体の編集があまり発生しない時は、PowerPointを画像形式（pngやjpegなど）にして [Upload File] からアップロードすることも可能です（PowerPoint内の図表やテキストをVYONDで編集したい場合には、[Import Slides] を利用しましょう）。

Section 12-10 よく使う機能を「Collections」にまとめる

よく使うシーン、Prop、キャラクター、Uploadデータをまとめてフォルダ分けする「Collections」機能が追加されました。膨大なアセット類やShutterstock素材を「よく使うもの」をフォルダにまとめて整理することで、大幅に作業効率が向上します。

➕「Collections」の使い方

操作1 LibraryメニューにCollectionsが表示される

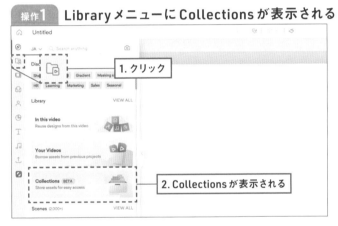

Libraryメニューをクリックすると、Collectionsが表示されます。

操作2 「Add to Collection」でCollectionに登録する

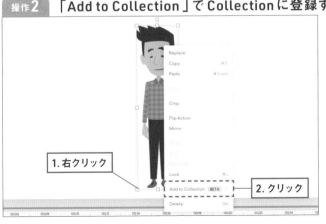

よく使うアセット上で右クリックし、「Add to Collection」を選択。表示されたフォルダを選ぶか、新しいCollectionを作成して追加しましょう。

プロジェクトごとに使うCollectionを作るのもおすすめです。大変有効な機能ですので、ぜひ活用して下さい。

Chapter
12

VYONDの活用事例

この章ではVYOND導入を検討されているご担当者向けに、
当社がVYONDを利用するに至った経緯や具体的な活用方法、
継続利用によって得られた効果や注意事項等について詳しくご説明いたします。

VYOND 活用の実例

VYONDの登場により、様々なビジネスシーンにおいてビジネスアニメが活用され始めています。ここでは当社のVYOND活用に至る経緯や、活用事例についてご紹介させていただきます。

＋当社が直面した課題

　当社（SDモバイルサービス）は、通信会社のソフトバンクにおいて全国のモバイルショップクルー向け研修動画やお客様向けのサポート動画コンテンツの制作、外部企業様からのご相談による動画制作代行も請け負っています。

　元々は、ソフトバンク社内における動画制作を社員によって内製化するところからスタートしたこともあり、制作メンバーには生粋の動画クリエイターはほとんどいません。一方で、**動画需要の高まり**とともに、動画制作の相談は日に日に増加し、その相談内容も研修動画、商品紹介動画、操作説明動画など多岐に渡るようになりました。その中でも、撮影を伴わないアニメ動画の相談は増え、映像表現はアニメーションを中心としたものが多くなります。ところが当社はこれまで実写ベースでの映像制作が中心であったため、イラストが描けたり、編集ソフトを使ってアニメ動画を制作できる人員が限られていました。必然的に一部のメンバーに案件が偏りだしましたが、それでもクライアントの要望に全て応えることは出来ず、外部のイラストレーターや制作会社を頼るしかありませんでした。結果、制作コストがかさんでしまう事態に陥ったため、これらの課題を解決する方法（ソリューション）を検討することになります。

＋VYONDを選択した理由

　直面した課題を解決するために必要なソリューションの要件は、「**簡単にアニメ動画が作成できるツール**」です。

Chapter
13

インターネットで「アニメ制作_ツール」と検索すれば、既に多くのまとめ記事などで VYOND が紹介されていましたので、それらの記事を参考にし、本格的に VYOND 導入の検討を開始しました。

VYOND には２週間の無料体験版がありますので、当社ではメンバー全員で体験版に申し込み、**一斉にトライアルを開始**しました。トライアルは、テーマを設けて1人につき1作品を1週間で制作し、全員でレビューを行うという方法をとりましたが、トライアルの結果として、いくつか発見がありました。

◉ VYOND のトライアルによる発見

- ◉ 作品を作るための事前トレーニングは一切不要
- ◉ 動画編集スキルと作品の完成度は全く連動しない
- ◉ 動画1本（1分程度）あたりの制作時間は5時間程度
- ◉ 誰の制作物も一定以上のクオリティに仕上がっている
- ◉ 楽しい

VYOND には、日本語によるチュートリアルはありません。それでも、普段から PowerPoint などでドキュメントを作ることに慣れているような方であれば、ほとんど迷うことなく動画制作に着手出来ます。特に驚いたのは、これまで動画編集に関わったことがないメンバーの作品のクオリティが、動画制作メンバーの作品と遜色がなかったことです。どちらかというと重要なのは編集スキルよりもデザインセンスで、VYOND 内にある無数のテンプレートの中から何を選択するかは、多少センスが問われるところかもしれません。

動画（1分尺程度）の制作時間の平均は5時間程度でしたが、全員 VYOND を触るのが初めてであることを考えると、驚きのスピードだと思います。むしろ、作業時間よりもストーリーを考える時間の方が長かったぐらいです。制作物のクオリティについては、そのまま販売できるまでとはいきませんが、いずれも社内で使用する分には十分な出来となっていました。

そして特筆に値するのは、**作業が「楽しい」**ことです。VYOND でアニメを制作する作業は、人気ゲームの「あつ森」に例えると、ゲーム内で着せ替えをしたり部屋を飾ったり道路を作ったりするような感覚に似ており、しかも扱える素材が無数にあることで、夢中になって何時間でもやり続けられるような感覚になります。

✚VYOND活用事例

当社におけるVYONDの活用事例をいくつか紹介します。

◉①お客様への注意事項説明動画

　携帯電話の販売においては、販売クルーがお客様に説明しなければならないことが非常に多いのですが、その全てを直接口頭で説明するのは中々大変です。そこで、お客様へお伝えすべき注意事項などを動画にまとめ、手続きの合間にお客様にご覧いただくことで、接客の効率化を図っています。これをVYONDによるアニメ動画にすることで、イメージがより伝わりやすく、お客様のご理解も深まっています。

◉②社員研修用動画

　最近では、社内のルールやセキュリティ基準等に関する社内研修を、対面ではなくE-leaningで実施している企業が大半かと思います。当社でも、これまではスライド資料にナレーションを入れただけの堅いイメージのコンテンツを使用していましたが、それらを、わかりやすく楽しんで見てもらえるよう、VYONDによるアニメ動画化しています。結果、従来のコンテンツに比べて視聴完了率が向上し、研修の効果が高まっています。

◎ ③商品説明用動画

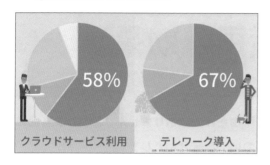

　法人向けの営業において、お客様に商品を説明するための資料をVYONDによりアニメ動画化しています。商品の利用シーンや効果など、口頭では中々伝わらないこともアニメであればわかりやすく表現することが可能になります。商品説明の冒頭に動画をお見せして全体のイメージをお客様に掴んでいただいてから、資料を用いて詳細説明を行うことで、より理解が深まります。

◎ ④会社紹介動画

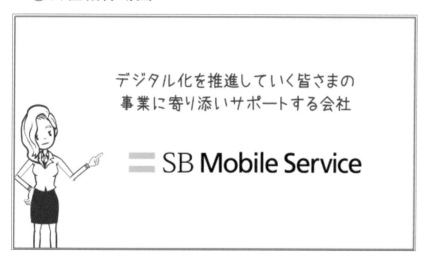

　自社の会社紹介をVYONDによりアニメ動画化しています。最近ではオンラインでの商談が中心となり、名刺交換をする機会が大幅に減りました。これまでであれば、お互い交換した名刺を見ながらアイスブレイクを兼ねて会社についての説明や質問をしていましたが、現在は商談の冒頭に会社紹介動画をお見せすることで、短時間で自社への理解を深めていただけるとともに、場の雰囲気を和らげ商談を円滑に進めることが出来るようになりました。

VYOND 活用の効果

VYONDを活用することで得られる成果は、制作物だけではありません。ここでは当社における「VYONDによってもたらされた効果」についてご紹介いたします。

✚VYOND 活用の効果

これまでご紹介してきた通り、VYONDの最大の特徴は「誰でも簡単にアニメーション動画が制作できる」ことです。当社においても、VYONDを活用する中でその恩恵は非常に大きなものとなっています。ここでは当社におけるVYOND活用の効果について、ご紹介いたします。

◉ 教育コストの削減

テレワークが浸透する中で、社内外における動画制作のご相談は日に日に増えており、それらのご要望に対応するためには人的リソースを確保する必要があります。とはいえ、動画制作については未経験者が即戦力とはなり得ません。一方、動画編集経験者を新たに採用するとなると、採用コストや採用期間を考慮せねばなりませんし、良い人材が見つかるとも限りません。では未経験者を動画編集の戦力として育成する場合、どのくらいのコストが必要になるでしょうか？

> **実務レベルの編集スキル※を習得させるための教育コスト**
> ＝100時間×2名（教育者と育成者）×2,000円（時給換算）＝40万円／人
> ※「AfterEffects」を使用して指示通りのアニメーション編集が出来るスキルを想定

オフィスで隣の席に座りながら、業務の傍らで教育できればよいですが、テレワーク化においてはそうもいきませんので、おのずと教育者側の拘束時間も多くなります。最短でも1ヶ月程度のトレーニングが必要だと考えると、そのコストは最低でも40万円程度発

生することになります。一方、VYONDの場合はそもそも**教育の必要がありません**。1日も触っていれば基本的な操作は身に付くため、個別に教育時間を確保しなくても、十分に戦力として計算することができます。むしろコスト以上に、成長を待たなくてもよいところの方が大きなメリットと言えると思います。

◉ 制作コストの削減

例えば当社において販売クルー向けの研修動画を制作する場合、これまではケーススタディなどをイメージ映像で表現するために、ロールプレイング形式で接客の流れを実演し、それを撮影したものを編集して制作することが大半でした。その場合に動画制作にかかる時間をコスト換算するとどのくらいになるでしょうか?

> **実務レベルの1分間動画を制作するための人的コスト**
> ＝30時間（撮影＋編集）×2,000円（時給換算）＝6万円／本

1本の動画を制作するための人的コストは、最低でも6万円程度かかります。実際は出演者のコストも発生しますのでそれ以上です。これをVYONDで制作した場合は丸1日（8時間）程度で完成させることが出来ますので、コスト換算すると2万円／本以内で制作できる事になります。また、撮影の必要がないことで、全ての作業が在宅で完了でき、交通費等も必要ありませんので、その差はより大きくなります。**人的コストが4分の1程度に抑え**られるということは、同じ時間で4倍の作品を制作できるのと同義ですので、これまで要望があっても対応出来なかった案件にも着手することが可能になりました。

◉ 絵コンテ制作の効率化

　アニメ動画の制作においては、企画段階での絵コンテの作成は不可欠です。絵コンテの書き方については第3章でご紹介しましたが、VYONDを活用することで、絵コンテの制作においても効率化が図れます。

　下記の画像は当社で制作したビジネスアニメの絵コンテの一部ですが、ご覧の通り、絵の部分に実際のVYONDの画面キャプチャを使用しています。こうすることで、絵を描くことが苦手な人でも高いクオリティの絵コンテを簡単に制作することが出来、また実際の制作動画との差分もないため、クライアントの合意も得やすくなります。しかも、実際にVYONDで制作を行う時には絵コンテ作成時に使用したデータをそのまま利用するだけですので、編集に着手する段階で、既に動画の大筋は仕上がっている事になります。あとは細かい動きや色味などを調整する程度で動画を仕上げることが出来るため、無駄な作業が一切なく制作の時間を大幅に短縮することが出来ます。

◉ VYOND制作時の絵コンテ

全体構成	cut	画	画	テロップ	ナレーション（確定）	想定秒数
	1		カフェで勤務している風景	ケース2 外部で勤務する場合	～♪カフェ風の効果音～	3
	2	↓	↓		ここは、とあるカフェです	2
	3		↓		なるほど。今日は外出の合間にカフェに立ち寄ってお仕事ですね	6
			上長承認済がわかる画 例）メール画面や 上長の顔＋承認印など	（仮）※外部勤務は上長承認済み	まず上長承認は…？　はい、取れていますね。	5

Chapter
13

＋クライアント様の反応

　外部の企業様、すなわちクライアント様からアニメ動画制作のご相談を受けた場合は、過去に制作したアニメーション作品のサンプルをいくつかお見せして、ご希望の作品がどのテイストに近いかを確認します。最近は当社でもVYONDの制作物が増えてきているため、アニメーション作品のサンプルの一つとしてお出しするのですが、最終的に**VYONDによる制作を選択**されるクライアント様が増えています。

　その理由は**価格**です。アニメ動画をイラストから描き起こした場合の相場は、最低でも50万円です。一方で、VYOND作品の場合はその半額以下となります。企業による動画の活用が活発になるに伴い、制作が必要な本数も増えているため、クライアント様も1本あたりの制作費を極力抑えようとします。VYOND作品は価格こそ安いですが、そのクオリティは一般的なアニメーション作品と遜色ないことから、クライアント様の有力な選択候補となり得るのです。また納品後の反応も上々で、イメージ通りの作品に仕上がっているとのお声を多くいただいています。

　このように、当社においてVYONDは既に欠かすことのできないツールとなっています。ですが一方で、全ての映像作品がVYONDに置き換わることもありません。やはり実写でなければ表現できないもの、イラストを描かなければ表現できないキャラクターなどはたくさんあります。それでもVYONDで制作できるものであれば、**コストや効率面**においてその効果は絶大ですので、もしあなたが会社の動画制作をご担当されているのであれば、アニメ動画制作手段の有力な選択肢の一つとしてご検討いただければと思います。

.

Appendix

付　録

VYOND ご利用にあたっての「よくある質問」や契約されるにあたって重要な項目である
「VYOND 映像利用の権利」についてご紹介いたします。

00:02　　00:04　　00:06　　00:08　　00:10　　00:12　　00:14

よくある質問と
映像利用の権利について

＋よくある質問

VYONDに関する「よくある質問」および「VYOND映像利用の権利」について株式会社ウェブデモ運営サイト「AnimeDemo」より抜粋して紹介いたします。

出典：「AnimeDemo」https://animedemo.com

◉VYONDの機能について

Q WindowsとMacでは操作は違いますか？

A ブラウザからの操作なので基本的に同じです。コピーやdelete等のコマンドは、それぞれのOSの操作に準拠いたします。ショートカットキー等も同様です。

Q どのブラウザがサポートされていますか？

A Google Chrome、Mozilla Firefox、およびMicrosoft Edgeでのみサポートされます。Internet Explorer、Safariはサポートされません。

Q ハードウェアの必要なスペックは？

A インターネットに接続できるPC, メモリは8GB以上を推奨。Mac　Windows（8　SP1以上）どちらでも動作可能です。

Q iPad、スマートフォンやタブレットでは動作しますか？

A 動作しません。動画制作、操作に関しては、パソコン（windows　Mac）のみサポートしております。

A

Q ムービー素材はどこに保存されますか？データはダウンロードできますか？

A VYONDのビデオデータ（素材、アセット類）はVYOND内のクラウドサーバーにて保存されており、完成したムービー（MP4,GIF）以外のデータはダウンロードできません。データは自動機能で10分ごとにクラウドサーバーに保存されます。

Q 契約終了後データの保存期間はどのくらいですか？

A 体験版並びにライセンス契約終了後、作成されたプロジェクト、アップロードされた素材等はVYONDのクラウド内で18ヶ月保存されます。

◉ 制作物の権利、配布について

Q YouTubeなどのウェブサービスで公開することはできますか？

A はい、公開可能です。制作物のネット公開に関しましては、特に制限を設けておりません。

Q ビデオの制作本数に制限はありますか？

A 契約期間中の制作本数、ダウンロード回数には制限はありません。

Q ビデオの長さに制限はありますか？

A 制限はありません。ただし、長時間の動画をオンラインサービスで編集制作するのは、都度読み込む時間がかかるため、効率的ではありません。長時間のビデオを作るのであれば、3分ほどのシーンに区切って制作することをおすすめします。

Q 作成したビデオは販売することはできますか？

A はい、可能です。ライセンス所有者が自社のコンテンツとして販売することができます。
※この場合はVYOND映像利用権の移転にはなりません。

A

Q 制作したビデオはVYOND契約終了後も使用できますか？

A はい。VYONDの契約期間が終了しても、1度作成されたコンテンツは期限無く、永続的にご使用できます。

Q 制作会社です。VYONDはアニメーション制作サービスとして活用できますか？

A 可能です。第三者（クライアント）へのVYONDを使用した動画制作を行う場合、「映像利用権の移転」となります。詳しくは後述の「VYOND映像利用の権利」をご確認ください。

Q VYONDのイラストを他に流用することはできますか？

A VYONDに含まれるイラスト、キャラクター、テキスト、BGMなどは、動画を作成して初めて映像利用の権利を持つコンテンツとなります。VYOND内のオブジェクト類、それぞれの著作権は、開発元であるGoAnimate.Inc.並びに関連会社が保有しているため、VYOND内のキャラクター等を流用した、ビデオゲーム、印刷物、キャラクター商品などの制作、販売はできません。

Q VYONDで作成されたmp4ファイルは映像編集ツール（Adobe Premiere、Adobe After Effects等）で2次加工して使用することはできますか？

A はい可能です。ビデオの編集ツールで加工して使用することは問題ございません。

✚「VYOND映像利用の権利」について

出典：「AnimeDemo」https://animedemo.com/business/

◉ 1.VYOND映像の利用権の範囲

　VYOND※の利用規約に対する合意によって、VYOND契約アカウントの所有者は、VYONDアニメーション映像を制作し、ダウンロードして利用することができます。更に、VYOND契約アカウントの所有者には、自己で制作したVYONDアニメーション映像のダウンロードファイルを、商用利用　個人利用を問わず再生する、または、視聴してもらう状態にすることを権利として付与されます。これを「VYOND映像の利用権」と呼んでいます。

※ここで説明するVYONDは「VYOND Professional」です。

A

◎2.VYOND映像のダウンロードファイルを第三者に提供、または制作物として納品する場合

　前述「1.」で述べた範囲以外でVYONDアニメーション映像のダウンロードファイルを、アカウント所有者ではない第三者に使ってもらうために提供したり、制作物の一部または全部として納品したりするような場合は、VYOND契約アカウント所有者にある「VYOND映像の利用権」を第三者に移す行為に当たります。これを「VYOND映像利用権」の「移転」とします。

◎3.手続きの有無について

　「1.」の場合、何も手続きをとる必要はありません。制作数も掲載期間も自由です。「2.」に該当する場合は、VYOND契約アカウント所有者が直接、「申告」、「手数料」支払いをする必要があります。

（VYOND映像を受け取った第三者側は、一切手続きをする必要はありませんので手数料も不要です。手数料をお支払いにならないでください）

◎4.「VYOND映像利用権」の「移転」にかかる申告と手数料について

　「2.」に該当する場合、GoAnimate社に申告して手数料を支払う必要があります。

　◎VYONDのVideoのひとつにつき1件となります

　◎1件につき$99を支払います

◎5.映像利用権移転申請の動画について

　申請したVideoの権利が譲渡されると、元のVideo作成者は商業目的でVideoを使用することができなくなります。ただしVideoの作成者は、最大90日間、再編集のためにアクセスできます。その期間を過ぎると、編集ウィンドウは永久に閉じられます。

A

Index 索引

著者プロフィール

桶谷 剛史 (おけたに・たけし)

1994年ソフトバンク携帯事業の源流の一つとなる関西デジタルホンに入社。技術部門における長年のネットワーク監視を経て経営戦略、移動機開発、サービス企画、WEB動画制作など様々な側面から携帯事業をサポート。2023年4月に同子会社のSBモバイルサービス株式会社へ出向しRPA/WEB/動画制作事業を担当。ウェブデモ認定VYONDトレーナー。

桐山 真伍 (きりやま・しんご)

2007年ソフトバンクBB株式会社 (現：ソフトバンク株式会社) 入社。ソフトバンク、およびワイモバイルショップのプロモーション企画や販促物制作、店頭システムの企画/設計、WEB開発の経験を経て、2023年4月に同子会社のSBモバイルサービス株式会社へ出向。これまで培った経験やノウハウを活かし、WEBやデザイン、動画制作のリーダーとして活動。ウェブデモ認定VYONDトレーナー。

水鳥川 祐子 (みどりかわ・ゆうこ)

2006年ソフトバンクBB株式会社 (現：ソフトバンク株式会社) 入社。現場のクルー向け教育研修トレーナー・eラーニング制作業務を経て、社内外向けの動画制作チームにて映像ディレクター兼クリエイターとして活動。2023年4月より同子会社のSBモバイルサービス株式会社へ出向。ウェブデモ認定VYONDトレーナー。

武田 奈津美 (たけだ・なつみ)

2012年ソフトバンクモバイル株式会社 (現：ソフトバンク株式会社) 入社。現場のクルー向けの研修動画やお客様サポートを目的とした制作チームにて映像ディレクター兼クリエイターとして活動し、2023年4月より同子会社のSBモバイルサービス株式会社へ出向。これまで培った経験を活かし、社内外向けの動画案件に従事中。ウェブデモ認定VYONDトレーナー。

制作協力：
SBモバイルサービス株式会社 動画制作チーム

カバーデザイン・本文イラスト：
高橋康明

VYOND ビジネスアニメーション作成講座[第2版]

発行日	2024年 3月18日	第1版第1刷

著　者　桶谷　剛史／桐山　真伍／
　　　　水鳥川　祐子／武田　奈津美

監　修　株式会社ウェブデモ

発行者　斉藤　和邦

発行所　株式会社　秀和システム
　　　　〒135-0016
　　　　東京都江東区東陽2-4-2　新宮ビル2F
　　　　Tel 03-6264-3105（販売）Fax 03-6264-3094

印刷所　株式会社シナノ　　　　　Printed in Japan

ISBN978-4-7980-7138-1 C3055